中国环境卫生行业系列研究报告

China
Development Report on the
Household Waste Collection &
Transportation System and
Equipment 2023

中国生活垃圾收运体系及装备发展报告 2023

中国城市环境卫生协会工程管理专业委员会 编

中国建筑工业出版社

图书在版编目（CIP）数据

中国生活垃圾收运体系及装备发展报告.2023 = China Development Report on the Household Waste Collection & Transportation System and Equipment 2023 / 中国城市环境卫生协会工程管理专业委员会编. 北京：中国建筑工业出版社，2024.7. --（中国环境卫生行业系列研究报告）. -- ISBN 978-7-112-30206-2

Ⅰ. X799.305

中国国家版本馆 CIP 数据核字第 2024US3337 号

责任编辑：兰丽婷
责任校对：赵　力

中国环境卫生行业系列研究报告

中国生活垃圾收运体系及装备发展报告 2023

China Development Report on the Household Waste Collection & Transportation System and Equipment 2023

中国城市环境卫生协会工程管理专业委员会　编

*

中国建筑工业出版社出版、发行（北京海淀三里河路9号）
各地新华书店、建筑书店经销
北京海视强森图文设计有限公司
天津裕同印刷有限公司印刷

*

开本：787毫米×960毫米 1/16　印张：$9\frac{1}{4}$　字数：148千字
2024年8月第一版　2024年8月第一次印刷
定价：115.00元
ISBN 978-7-112-30206-2
　　（43561）

版权所有　翻印必究
如有内容及印装质量问题，请与本社读者服务中心联系
电话：（010）58337283　QQ：2885381756
（地址：北京海淀三里河路9号中国建筑工业出版社604室　邮政编码：100037）

中国环境卫生行业系列研究报告
编委会

主编单位：

中国城市环境卫生协会

主　任：

徐文龙

副主任：

刘晶昊	王敬民	皮　猛	龙吉生	刘少云
张桂丰	陈　峰	陈海滨	陈善坤	赵爱华
项光明	郭　鹏	凌锦明	曹德标	李月中
葛　芳	王瑟澜	高踪阳	韦东良	熊建平
方国浩	王　永	王　伟	李倬舸	乔德卫
陈黎媛	周　平	童　琳	全知音	姚文涛

《中国生活垃圾收运体系及装备发展报告 2023》编委会

主　编：

杨家宽

执行主编：

宋灿辉　吴恩海

副主编：

张　波　余　毅　吴东彪　甄　理　王英达　汪俊时　苗　雨
杨　禹　史东晓　严镐飞　唐素琴　郑艺平　段盼巧

编写人员（按姓氏笔画排序）：

王　丰	王忠兴	戈俞辉	毛晓宇	孔令伟	卢玲晶	包祺斌	朱　锴
刘心中	刘健勇	刘　敏	汤　波	杜茂林	李林曦	李国太	李　洵
李　晓	杨永健	杨　柳	吴伟鹏	吴标彪	吴剑泓	吴惠鹏	何耀忠
宋新武	张玉川	张　伟	张来辉	张静波	陈　菲	陈嘉城	陈　霁
邵　磊	林　平	林宇翔	林毅民	周志洁	周福临	房　亮	郝　宇
郝燊波	胡晓虎	胡建平	胡骏嵩	段　勇	姜兑群	袁晓明	徐建锋
高勇彬	郭润强	黄玉娟	黄华辉	黄秋芳	黄珩恒	黄紫云	梁铧丹
彭　佳	惠流洋	谢文刚	虞文波	蔡文俊	谭和平	熊耀华	潘　枫
			潘振华	瞿　瑶			

主编单位：

中国城市环境卫生协会工程管理专业委员会

参编单位：

华中科技大学	海沃机械（中国）有限公司
中城院（北京）环境科技股份有限公司	重庆耐德新明和工业有限公司
苏州苏科环保科技有限公司	上海中荷环保有限公司
上海环境卫生工程设计院有限公司	天津津生环境科技有限公司
安徽省城建设计研究总院股份有限公司	长沙中联重科环境产业有限公司
厦门市政环能股份有限公司	山东群峰重工科技股份有限公司
杭州市城乡建设设计院股份有限公司	福龙马集团股份有限公司
中国市政工程中南设计研究总院有限公司	深圳市迈睿迈特环境科技有限公司
广东省环境保护工程研究设计院有限公司	今创城投（成都）环境工程有限公司
武汉华曦科技发展有限公司	合肥睿希智能环境科技有限公司
华蓝设计集团有限公司	福建金顺环境服务有限公司
常州市环境卫生管理中心	漳州市凯盛环境服务集团有限公司
无锡市环境卫生管理服务中心	上海实诚环境科技有限公司
杭州市环境集团有限公司	苏科环境技术（福建）有限公司
漳州环境集团有限公司	

《中国生活垃圾收运体系及装备发展报告 2023》专家指导组

组　长：

陈海滨

副组长：

林昌梅

专　家：

陈　平　刘　竞　周昭阳　梁有千　刘　勇

版权声明

本报告版权属于中国城市环境卫生协会，并受法律保护。转载、摘编或利用其他方式使用本报告文字或观点，请注明"来源：中国城市环境卫生协会"。违反上述声明者，将追究其相关法律责任。

目 录
CONTENTS

第 1 章　概述 ———————————————————————————— 001

1.1　生活垃圾收运体系概述 ——————————————————————— 002
1.2　国内外生活垃圾转运站发展概述 ———————————————————— 004
　　1.2.1　国外生活垃圾转运站发展概述 ——————————————————— 004
　　1.2.2　国内生活垃圾转运站发展概述 ——————————————————— 005

第 2 章　发展阶段和历程 ———————————————————————— 009

2.1　发展阶段 ————————————————————————————— 010
2.2　发展历程 ————————————————————————————— 010
　　2.2.1　简述 ————————————————————————————— 010
　　2.2.2　垃圾车的发展历程 ———————————————————————— 011
　　2.2.3　我国早期生活垃圾转运形式发展历程 ————————————————— 014

第 3 章　生活垃圾转运站类别 —————————————————————— 017

3.1　生活垃圾转运站规模类别 —————————————————————— 018
3.2　生活垃圾转运站类型 ———————————————————————— 019
　　3.2.1　水平式与垂直式生活垃圾转运站 —————————————————— 019
　　3.2.2　直接压缩式与预压缩式生活垃圾转运站 ——————————————— 020
　　3.2.3　地面式/地下式/半地下式/地埋箱（桶）式生活垃圾转运站 ——————— 021
　　3.2.4　生活垃圾收集运输系统延伸介绍——管道输送系统 —————————— 026
　　3.2.5　生活垃圾转运设施延伸介绍——多种类型垂直（竖式）
　　　　　生活垃圾转运站 ————————————————————————— 027

第 4 章 发展成果及主要业绩 —————————————— 033

4.1　概述 —————————————————————————— 034
4.2　标准 —————————————————————————— 034
　　4.2.1　国家标准 ——————————————————————— 035
　　4.2.2　行业标准 ——————————————————————— 035
　　4.2.3　地方标准（部分） ——————————————————— 036
　　4.2.4　团体标准 ——————————————————————— 037
　　4.2.5　企业标准 ——————————————————————— 039
4.3　主要技术、工艺、装备与企业应用案例 ————————————— 039
　　4.3.1　主要技术、工艺、装备 ————————————————— 039
　　4.3.2　典型装备应用案例 ——————————————————— 071

第 5 章 存在的问题与不足 —————————————————— 127

5.1　政策法规标准 —————————————————————— 128
5.2　规划建设 ———————————————————————— 128
5.3　运行管理 ———————————————————————— 128

第 6 章 对策与措施 ————————————————————— 131

6.1　政策法规标准 —————————————————————— 132
6.2　规划建设 ———————————————————————— 133
6.3　运行管理 ———————————————————————— 133

第 7 章 前景展望 —————————————————————— 135

7.1　全体系构建"低碳化" ——————————————————— 137
7.2　全链条运行"数字化" ——————————————————— 138
7.3　特定场景环卫作业"无人化" ———————————————— 139

参考文献 ——————————————————————————— 140

第 1 章 概述

- ▶ 生活垃圾收运体系概述
- ▶ 国内外生活垃圾转运站发展概述
  - ▶ 国外生活垃圾转运站发展概述
  - ▶ 国内生活垃圾转运站发展概述

1.1 生活垃圾收运体系概述

生活垃圾收运体系由收集系统和转运系统两部分构成。收集系统是指源头（居民小区、集贸市场、企事业单位、道路清扫等）产生的垃圾通过垃圾桶（箱）、收集车辆等设施运至生活垃圾转运（收集）站进行卸料作业的过程。转运系统是指将生活垃圾从收集车辆卸下后，通过压缩作业再次重新装载到转运车上，通过转运车辆转运到垃圾焚烧厂等其他末端处置设施的环境卫生公共设施。生活垃圾收运体系如图1-1所示。

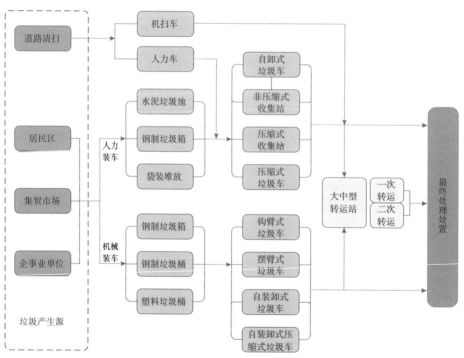

图1-1 生活垃圾收运体系示意图

生活垃圾收运从作业程序上分一般要经过以下三个阶段：

第一阶段：源头生活垃圾收集

将包括道路的清扫、小区居民、集贸市场、机关学校和企事业单位产生的垃圾收集到垃圾桶、垃圾箱。前端收集系统形式多样，但设备设施相对小型化，本报告中不作重点描述。

第二阶段：生活垃圾收集运输

对于垃圾桶收集的生活垃圾，大多数城市采用三轮车、手推车、电瓶车、农用三轮车等运输到收集站或收集点，再由收集车运到收集站（点）或转运站或运输到最终处理处置场。集装箱收集的垃圾可以由收集车直接运输到收集站、转运站，或直运输到最终处理处置场。

第三阶段：生活垃圾的转运

一般情况下，收集站或收集点的收集车亏载现象严重或载重量较小，若直接运到处置场则距离城区较远，需建设转运站进行二次转运。

垃圾转运（收集）站是连接垃圾收集环节和末端处置环节的重要设施，是垃圾转运及分类、存储、压缩预处理等操作的重要场地，在生活垃圾收运体系中起着枢纽作用。收集站与转运站的区别在于建站规模不同，同时运输车辆载重量有差异，但鉴于其作用及功能基本一致，下文重点以转运站为主体进行描述。

建设生活垃圾转运站的目的是为了减少前端收集车辆运输距离和运输成本，以及减少垃圾运输车辆穿城、抛洒、滴漏现象，从而提升运输效率和环境效益。当今社会的生活垃圾转运站既实现了垃圾压缩转运的密闭化，又提高了其运输的经济性，减少了运输车流量及车辆"亏载"情况。

生活垃圾转运站的高效稳定运行关系着一个国家城镇化发展的水平。近年来，生活垃圾转运站已经成为城镇化发展中重要的环卫设施，同时也是我国生活垃圾分类进程中的重要环节。随着我国城镇化进程的不断推进以及经济发展水平的持续提升，居民生活垃圾产生量逐年增加。随着碳中和、碳达峰的目标确定，生活垃圾分类成为一种新时尚，居民对城镇的环境质量要求提高，必然要求生活垃圾转运站能有效地运行。因此生活垃圾转运站的建设应采取系统工程方法，综合考虑转运站服务范围内的各方面因素，制定科学合理的实施计划，此外在实施过程中还应充分考虑其可持续发展、运营管理及维护等各项情况。只有这样，才能更好地发挥生活垃圾转运站的枢纽作用，更好地保障转运站的实施和运行，提高人民的生活幸福感。

1.2 国内外生活垃圾转运站发展概述

在城镇化发展进程中，生活垃圾作为城市代谢的产物一直是城市发展的负担，世界上许多城市均面临过"垃圾围城"的局面。随着环境问题日趋突出，节能、环保和减碳已经成为各国经济社会发展的主题，垃圾处理产业得到了飞速发展。

垃圾转运站起初的建设目的就是为了减少垃圾清运过程的运输费用，作为垃圾产生地到最终处置设施之间所设的中转设施，将垃圾换装到大型运输车辆中继续运往末端处理场等设施，以实现垃圾运输的经济性。随着社会的进步、经济的发展、城市的扩张、环境的提升，垃圾转运站的功能不再仅限于提高运输经济性，更多的是为了更好地实现垃圾的减量化、资源化和无害化。伴随生活垃圾分类成为新时尚，垃圾转运站被赋予了垃圾分类、预处理等多种功能。如今的大中型生活垃圾转运站已逐步向环卫综合体方向发展演变。

1.2.1 国外生活垃圾转运站发展概述

国外生活垃圾转运设备（装备）起步较早，已有了长足发展，如德国、美国等依靠其强大的机械设计制造能力，在 20 世纪 70 年代研制并生产成套的专业垃圾转运站设备（装备），并形成了其独特的设计模式及相应的行业标准。美国、日本、西欧等工业发达国家和地区，城市生活垃圾收集与运输较早实现了机械化、容器化，为了达到垃圾资源化的目的，许多国家推行生活垃圾分类收集、分类运输的办法，在城市里设置了废玻璃、金属、纸类等的收集容器，既加强了废物资的回收和利用，又为生活垃圾分类创造了便利条件。工业发达国家在生活垃圾收运车辆的配置上品种多样、类型齐全，淘汰了敞口式垃圾车，取而代之的是各种类型的密闭式收集运输车。

大中型生活垃圾转运站在国外起步较早，世界上第一座日处理 1500 吨的垃圾转运站是日本三菱重工株式会社 1986 年帮助新加坡建造的，其后在欧洲和亚洲相继建成多座大型垃圾转运站。

发达国家已经形成了比较成熟的直接装箱式、压入装箱式以及压实装箱式等多种形式生活垃圾转运站的工艺流程与设备，例如加拿大蒙特利尔 SNK 直接装箱式垃圾转运站、法国 SEAT 不带固定装箱机的压入装箱式转运站、澳洲地勤设备（GSE）工程公司的 TSP 型带固定装箱机的压入装箱式转运站、美国 Marathon 公司的 TS-2000 型预压缩型垃圾转运站、瑞士华嘉公司的 RPP 垃圾压缩打包系统、美国的 HRB 打包系统、澳大利亚的 PLAN 垃圾压实转运系统等。

荷兰环保处理（国际）集团（N.C.H）研制开发的垂直装箱式生活垃圾转运站，无论是在转运方式、压实机构与容器的配合方面，还是工艺流程方面都与传统的生活垃圾转运站形式有了较大区别。为了满足转运运输的需要，国外大型设备公司开发了整体式、牵引托挂式、车厢可卸式等大容量的生活垃圾运输车与转运站相匹配，大大降低了生活垃圾运输与转运的费用，可以说目前国外生活垃圾转运站技术经过了长期的实践检验，已经发展得很成熟。

1.2.2　国内生活垃圾转运站发展概述

由于人口的不断增长及城镇化进程的加快，我国需清运的生活垃圾量也不断增加。我国的生活垃圾收运体系主要经历了以下 3 个发展阶段：①早期社会人们用人工或马车收集、运输生活垃圾至垃圾处理地点或处理场所，这些构成了生活垃圾转运系统的雏形。②随着社会的发展，尤其是现代汽车和廉价燃料的出现，人们则更多地采用汽车直接运输，把生活垃圾从收集点直接运到邻近的终端处置场所。③随着城市规模的进一步扩大，导致生活垃圾终端处置场所远离城区中心，加上劳动力、燃料动力费用的上升，转运成为生活垃圾处理系统的必要环节。

早期，我国大部分地区的生活垃圾转运站以小型转运站为主。随着我国城镇化率逐步提高，城市边界进一步扩大，城市生活垃圾产生量的逐年攀升，再加之垃圾终端处置厂的地理位置逐步偏远，仅依靠小型生活垃圾转运站已经不能满足城市高质量发展的需求。

在大中型生活垃圾转运站技术应用方面，1994年6月，北京市大屯垃圾转运站投产运行，其设计垃圾日处理能力1500吨。北京市大屯垃圾转运站的建成改变了国内传统垃圾转运站露天堆放、污水横流等严重污染周边环境的状况，具有良好的社会效益和环境效益。

在此之后，国内许多城市都开始建设大中型生活垃圾转运站，例如上海浦东白莲泾垃圾转运站日转运垃圾规模700吨，于1999年投入使用；青岛太原路垃圾转运站设计日处理量为1500吨，于2001年8月正式投入使用；南京城南生活垃圾转运站设计日转运能力为1500吨，于2015年6月建成投运；广西南宁三塘镇生活垃圾转运站设计日转运规模为2000吨，于2017年正式投入运营；长沙第一垃圾中转站设计日转运规模7600吨，该项目于2005年投入使用，2012年完成扩建。从2020年起，杭州市逐步建成了多个生活垃圾分类减量转运综合体项目，规模达2000吨/日的就有4座，分别是杭州天子岭分类减量综合体项目、杭州城东分类减量综合体项目、杭州萧山绿色循环综合体项目和杭州市余杭区镜子山资源循环利用中心项目。

总的来说，我国在生活垃圾转运系统建设及相关研究方面起步较晚，多数已经建成的大中型生活垃圾转运站整体性能以及系统的协调功能有待提高完善。另外，规划滞后、建设进度迟缓、核心工艺技术含量相对落后也是制约我国大中型生活垃圾转运站全面发展的重要原因。经调查研究发现，目前我国各大、中、小型城市的生活垃圾转运站普遍存在着布局欠合理、用地面积不够、设备老化、作业环境恶劣、垃圾分类适应性差等问题，严重影响居住条件和城市市容环境。如今，随着环卫行业市场化及先进运营管理经验的引入，部分城市开始采取在城市近郊建设大中型生活垃圾转运综合体，作为城市生活垃圾收运体系的提升手段，并通过优化、改进现有的生活垃圾收运系统及转运设施功能（如采用密闭环保的收运设施、设备等措施），促进生活垃圾分类收运更为高效、环保、经济。进入 21 世纪以来，随着社会经济发展与城市居民生活水平的大幅提升，人们对居住环境的要求也日益提高，垃圾气力输送系统因为其在环保卫生等方面的明显优势，逐步在市政工程、住宅社区、商业综合体、商务中心、医院等领域大量应用，如中新天津生态城、北京通州副中心等，为未来城市生活垃圾转运系统建设发展提供了新的思路。

- 发展阶段
- 发展历程
  - 简述
  - 垃圾车的发展历程
  - 我国早期生活垃圾转运形式发展历程

第 2 章 发展阶段和历程

2.1 发展阶段

国内生活垃圾转运站经历了非压缩站、压缩站、分类收集+集装化转运站 3 个阶段。根据垃圾转运站处理步骤和机制对垃圾压缩效果的不同，可将生活垃圾转运站分为直接转运式（非压缩）、预压缩装箱转运式和直接压缩装箱转运式 3 种类型。从收运设施设备配置上进行区分，我国大中型城市采用的生活垃圾收运模式有直运模式、流动车收集模式、垃圾箱/房（分地面、地下）收集模式、集装箱+垃圾收集车收运模式等。目前我国大中型城市基本处于从压缩减容化运输向"分类收集+集装化转运"过渡的阶段。

2.2 发展历程

2.2.1 简述

我国生活垃圾转运站的发展历程与城镇化发展史密切相关，集中表现在以下几个方面：

（1）城镇化发展，使城区面积扩展、城区人口增加，生活垃圾在城区的产生量增大。

（2）随着社会经济的发展，人们对环境和健康等生活质量方面的追求不断提升。

（3）在生活垃圾处置方式向着多样化，处理技术向着无害化、资源化发展的同时，处理处置设施能力规模化发展，建设或规划中的末端处置点更远离城区。

（4）以镇为中心，向区、县（市）处置点运输的中小型生活垃圾转运模式开始普及。

（5）各地普遍经历过或者正在经历由多点分散小型生活垃圾转运站向区域集中大型生活垃圾转运站发展的趋势。

（6）生活垃圾收集运输与中转运输更专业，环境效果和作业效率显著提高。

综上所述，生活垃圾中转运输环节的发展是城镇化的必然结果。

2.2.2 垃圾车的发展历程

2.2.2.1 国外垃圾车的发展历程

垃圾车作为垃圾转运过程中的重要运输工具，也可以称为最早的移动式垃圾转运站，或者垃圾转运站的前身，是现代生活垃圾转运发展历程中不可或缺的环节。垃圾车的起源可以追溯到 20 世纪初期的欧洲。

根据历史资料，垃圾车一开始是马车，造型简单、结构简陋（图 2-1）。在 20 世纪 20 年代汽车出现之后，这种垃圾车逐渐被一种开放式垃圾车取代（图 2-2）。但开放式的垃圾车垃圾容易溢出，对于恶臭和粉尘更是无法控制，在夏季污染问题尤为严重，在人口密集的城市，转运垃圾是一个大问题。

随着科技的发展，开放式垃圾车自身的弊端越来越明显，很快就被淘汰，取而代之的是覆盖式垃圾车（图 2-3）。覆盖式垃圾车由一个不漏水的箱体和一个举重倾

图 2-1　历史上的早期垃圾车

图 2-2　早期开放式垃圾车

图 2-3 覆盖式垃圾车

图 2-4 旋转式垃圾车

倒机构组成，在 20 世纪 30 年代，覆盖式垃圾车在美国非常普及，但实际操作运行过程费时费力。后来，德国人发明了一种全新概念的旋转式垃圾车（图 2-4），这种垃圾车有一台螺旋装置，类似于水泥搅拌机，体积较大的垃圾如电视机或家具也能在车内直接处理，并且可以把垃圾集中到箱体的前部，不过旋转式垃圾车并没有大规模投入使用。

1938 年伍德发明了后压缩式垃圾车（图 2-5），采用液压缸带动垃圾盘，使其压缩垃圾的能力更强、承载量更大。20 世纪 50 年代后压缩式垃圾车在收集商业和工业废物方面起到了重要的作用。同一时期还有一种颇受欢迎的侧装式垃圾车（图 2-6），它由一种耐用的垃圾收集单元组成，将垃圾投掷到箱体一侧的开口里，一个液压油缸或压盘将垃圾推挤到箱体的后方，充实后液压油缸或压盘充当喷射器，将垃圾水平

图 2-5 后压缩式垃圾车

图 2-6 侧装式垃圾车

抛出。侧装式垃圾车虽然不能处理大件垃圾，但大大节省了人力劳动。

20世纪50年代中期，登普斯特卡车公司发明的前装式垃圾车成为当时最先进的垃圾车（图2-7）。前装式垃圾车有一个机械臂可以将集装箱拿起或者放下，大大减少了人力劳动，这种垃圾车能够承载35~40立方米的容量，在处置商业垃圾上显得"轻而易举"，跟当代主流的后装式压缩收集车装运垃圾在流程上颇为相似。

2.2.2.2 我国垃圾车的发展历程

与欧美国家相比，我国的垃圾收运发展史相对较短。20世纪50年代初，垃圾运输仍然主要靠人挑肩扛或人力车。

我国第一辆真正意义上的垃圾车产生于20世纪八九十年代，外形极其简陋，类似于三轮车，车前有一块玻璃，稍微能起到挡风遮雨的作用，底盘采用的是上海581三轮底盘，载重量不到3吨，装卸垃圾全靠人力（图2-8）。

图2-7　前装式垃圾车

国内第一代大范围使用的垃圾车是挂桶式垃圾车（图2-9）。这种垃圾车依靠挂桶架升降系统装载垃圾，并且需要使用配套的垃圾桶。由于收集运送垃圾需要消耗的能源过多，容易造成二次污染，这种垃圾车逐渐被弃用。

图2-8　我国第一台垃圾车

近几年来，压缩式垃圾车已成为我国城镇垃圾清运的主要设备（图2-10）。与传统的垃圾运输车辆相比，压缩式垃圾车的环保性能极高，在作业时能很好地控制污水、臭气外溢等问题，减少垃圾清运对周围环境和人员的影响。随着国家对环境治理标准的不断提升，压缩式垃圾车的制造标准和技术水平也向着智能高效、节能环保的方向快速发展。

图 2-9　挂桶式垃圾车

图 2-10　压缩式垃圾车

2.2.3　我国早期生活垃圾转运形式发展历程

我国早期生活垃圾转运形式有以下几种：

（1）20 世纪 60 年代的车过车转运形式（图 2-11）。

图 2-11　车过车转运形式简图

（2）车顶装载转运式（图 2-12）。

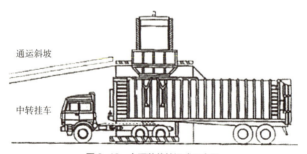
图 2-12　车顶装载转运式示意图

图 2-13　车顶转载转运式（非压缩）　　　图 2-14　箱顶装载转运式（非压缩）

（3）车顶转载转运式（非压缩）（图 2-13）。

（4）箱顶装载转运式（非压缩）（图 2-14）。

第 3 章　生活垃圾转运站类别

- 生活垃圾转运站规模类别
- 生活垃圾转运站类型
  - 水平式与垂直式生活垃圾转运站
  - 直接压缩式与预压缩式生活垃圾转运站
  - 地面式／地下式／半地下式／地埋箱（桶）式生活垃圾转运站
  - 生活垃圾收集运输系统延伸介绍——管道输送系统
  - 生活垃圾转运设施延伸介绍——多种类型垂直（竖式）生活垃圾转运站

20 世纪 80 年代，我国生活垃圾处理开始起步，1990 年以前全国城市生活垃圾处理率不足 2%。

20 世纪 90 年代后，伴随着改革开放的深入，我国生活垃圾处理取得了巨大发展。顺应着时代的需求，生活垃圾转运站的建设也从无到有，各地陆续兴建各种类型的生活垃圾转运站。相应的，生活垃圾转运站的处置规模、压缩方式及建筑结构形式也因项目需求的不同而发生了变化。本报告在收集大量资料的基础上，对垃圾转运站进行了分类汇总。

3.1 生活垃圾转运站规模类别

根据《生活垃圾转运站技术规范》CJJ/T 47—2016 的规定，生活垃圾转运站的设计日转运垃圾能力，可按其规模划分为大、中、小型，及Ⅰ、Ⅱ、Ⅲ、Ⅳ、Ⅴ五小类。不同规模的生活垃圾转运站的主要用地指标应符合表 3-1 的规定。

生活垃圾转运站主要建设指标　　　　　　表 3-1

类型		设计日转运量（吨/天）	用地面积（平方米）	与站外相邻建筑间距（米）
大型	Ⅰ类	≥ 1000，≤ 3000	≥ 15000，≤ 30000	≥ 30
	Ⅱ类	≥ 450，< 1000	≥ 10000，< 15000	≥ 20
中型	Ⅲ类	≥ 150，< 450	≥ 4000，< 10000	≥ 15
小型	Ⅳ类	≥ 50，< 150	≥ 1000，< 4000	≥ 10
	Ⅴ类	< 50	≥ 500，< 1000	≥ 8

注：1. 表内用地面积不包括区域性专用停车场、专用加油站和垃圾分类、资源回收、环保教育展示等其他功能用地。
2. 与相邻建筑间隔指转运站主体设施外墙与相邻建筑物外墙的直线距离；附建式可不作此要求。
3. 对于临近江河、湖泊、海洋和大型水面的生活垃圾转运码头，其陆上转运站用地指标可适当上浮。
4. 乡镇建设的小型（Ⅳ、Ⅴ类）转运站，用地面积可上浮 10%~20%。
5. 规模超过 3000 吨的超大型转运站，其超出规模部分用地面积按 6~10 平方米/吨计。

3.2 生活垃圾转运站类型

生活垃圾转运站可按物料压缩装载的工艺路线及方向分为水平式或垂直式；也可按压缩过程及方式分为预压式或直压式；还可按转运站主体设施建设方式分为地面式、地下式、半地下式和地埋箱（桶）式。

3.2.1 水平式与垂直式生活垃圾转运站

目前，国内外生活垃圾转运站有两种基本压缩形式：水平（横式）压缩和垂直（竖式）压缩。

3.2.1.1 水平（横式）压缩工艺简介

水平（横式）压缩是利用推料装置将垃圾推入水平放置的容器内，容器一般为长方体集装箱，然后开启压缩机，将垃圾向集装箱内压缩。该种压缩方式的压力完全依靠机械，压缩能力比较大。

水平压缩对垃圾的成分适应性强，如居民生活垃圾、旧衣物、旧家具破碎后都可以压入箱体内。由于压装机在装箱过程中对箱体内垃圾有较大的挤推压力，使箱体内垃圾有较高的密度。另外，一般箱体后门最低处高于箱体底部 30 厘米，底部还有排放垃圾渗沥液的排放口，在压缩垃圾的过程中，边挤压边脱水，待垃圾装箱完毕后密闭后盖，垃圾渗沥液不会流出箱体，避免了在运输过程中对环境的二次污染。另外压缩装置与集装箱内表面有摩擦，需定期更换衬板。

水平压缩式生活垃圾转运站示意见图 3-1。

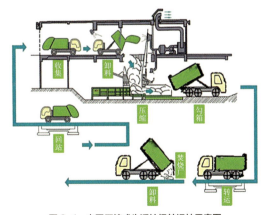

图 3-1 水平压缩式生活垃圾转运站示意图

3.2.1.2 垂直（竖式）压缩工艺简介

垂直（竖式）压缩是将垃圾倒入垂直放置的筒形容器内，压缩锤头装置由上至下垂直对垃圾进行压缩。垃圾在压缩装置重力和机械力同时作用下得到压缩，压缩比与水平（横式）压缩相比较小，压缩装置与容器不接触，无摩擦。垂直压缩式生活垃圾转运站由于容器是垂直放置，因此占地面积小，同时由于垃圾可直接倒入容器内，因此不需要垃圾槽和进推料装置。设备简单，操作方便。

垂直压缩式生活垃圾转运站示意如图 3-2 所示。

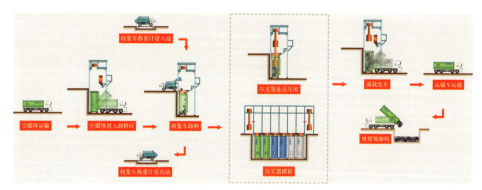

图 3-2 垂直压缩式生活垃圾转运站示意图

3.2.2 直接压缩式与预压缩式生活垃圾转运站

水平（横式）压缩又可分为直接压缩式（直压式）和预压缩式（预压式）。

3.2.2.1 直接压缩式（直压式）生活垃圾转运站

直接压缩式（图 3-3）是指压缩机将进入其中的垃圾直接推入垃圾集装箱内，待集装箱快装满时再进行压实的方式。该种方式工艺成熟，能耗及占地较小，但压缩比率较低一些，压缩机工作时需要转运集装箱的配合。

3.2.2.2 预压缩式（预压式）生活垃圾转运站

预压缩式（图 3-4）是指垃圾进入压缩机后，在压缩机的预压仓内先进行压缩，从而最终形成密实的垃圾包，然后被推入垃圾集装箱中。此种压缩方式具有压缩比率高、对转运车集装箱的压力较小、压缩时不需要转运车集装箱配合、处理垃圾效率高等特点，可实现对垃圾包的重量及体积的准确控制。

图 3-3　直接压缩式示意图

图 3-4　预压缩式示意图

3.2.3　地面式/地下式/半地下式/地埋箱（桶）式生活垃圾转运站

3.2.3.1　地面式生活垃圾转运站

（1）小型密闭式生活垃圾转运站

主要指有站房的采用压缩系统与箱体一体工艺转运垃圾（或垃圾分流后转运规模）的小型站点。图 3-5 为小型密闭式生活垃圾压缩转运站效果图。

（2）大中型密闭式生活垃圾转运站

该类型生活垃圾转运站是将传统的敞开式上料坡道包裹在转运车间中，既可以对

图 3-5　小型密闭式生活垃圾转运站效果图

臭气进行有效的控制，又可以隐蔽垃圾收集车辆在坡道上的行驶轨迹，使整个转运站从外观上保持整洁有序，环境视觉效果好，对周围居民生活影响较小（图3-6）。

转运车间为全地上式，即一层转运作业大厅在±0.00（相对标高）平面上，二层卸料大厅在6.00米（相对标高）或者7.50米（相对标高）平面上。

（3）露天式生活垃圾转运站

主要指采用压缩系统与箱体一体工艺，将带压缩功能的箱体露天放置的过渡型站点（图3-7）。

图3-6 青岛市黄岛生活垃圾转运站效果图

图3-7 露天式生活垃圾转运站

3.2.3.2 地下式生活垃圾转运站

地下式生活垃圾转运车间的地下一层为卸料大厅，在 -6.00 米（相对标高）平面上，地下二层为转运作业大厅，标高为 -12.00 米（相对标高）或者 -13.50 米（相对标高）平面上。车间的上料坡道较长，该通道类似一般地下车库的行驶车道。

该模式在国内已有少数案例，如大连市城市中心区生活垃圾压缩转运站工程——梭鱼湾转运站（图 3-8）。

图 3-8　大连市城市中心区梭鱼湾生活垃圾压缩转运站鸟瞰图

3.2.3.3 半地下式生活垃圾转运站

（1）半地下式生活垃圾转运站

半地下式生活垃圾转运车间的地上一层为卸料大厅，在 ±0.00（相对标高）平面上，地下一层为转运作业大厅，标高为 -6.00 米（相对标高）或者 -7.50 米（相对标高）平面上。车间不用考虑上料坡道，但是需要设置从地下一层转运作业大厅到地面的行驶通道，该通道类似一般地下车库的行驶车道。

该模式在国内已有较多案例，如上海市黄浦区生活垃圾转运站（图 3-9）。

该类型的转运站采用高标准的转运处理工艺，尽可能将工艺设施布置在地下，地面以景观绿化为主，给周边居民创造美观、舒适的生活环境。该模式适合对环境控制

图 3-9　上海市黄浦区生活垃圾转运站效果图　　图 3-10　某下沉广场（容器下沉）式生活垃圾转运站示意图

和景观要求非常高的地方，即使以后转运站周边的居民增多，也能最大限度减少转运站对周边环境的影响。半地下式转运车间可以将城市景观、园林绿化、垃圾转运等有机融合起来，是生态绿化型生活垃圾转运站的典型模式。

（2）下沉广场（容器下沉）式生活垃圾转运站

下沉广场（容器下沉）式生活垃圾转运站其实是半地下式生活垃圾转运站的一种衍生模式（图 3-10），可以将城市景观、园林绿化、垃圾转运、居民休闲等有机融合起来。车间不用考虑上料坡道，但是需要设置行驶车道。而且露出地面的建筑物高度在 6 米左右。

3.2.3.4　地埋箱（桶）式生活垃圾压缩转运/收集站

（1）地埋箱式生活垃圾压缩转运站

该类型生活垃圾压缩转运站主要指采用压缩系统与箱体一体工艺，将带压缩功能的箱体放置于地下的站点（图 3-11）。这种类型的压缩转运站适合垃圾分类转运，适宜在学校、住宅小区和公园设置。站点地埋箱式生活垃圾压缩转运站配备喷淋消杀、负压除臭等附加功能设施，能有效解决小型城市垃圾转运站空间受限、邻避问题及卫生隐患等相关痛点。

（2）地埋桶式生活垃圾转运/收集站

地埋桶式生活垃圾转运站是将传统垃圾收集桶置于地下，地面仅设置密闭投料口（图 3-12）。地面占地面积较小，全密闭收集，配备喷淋除臭装置及污水收集系统，

图 3-11　地埋箱式生活垃圾压缩转运站

图 3-12　地埋桶式生活垃圾转运站

能很好地解决垃圾收集清运过程中脏、乱、臭的问题。同时配备智能感知终端、满溢物联提醒、AI 督导等功能，具备垃圾分类收集、智能清运、无人值守等优点。该类型转运站适合设置在学校、住宅小区、公园等人员密集及环境要求较高的地方。

3.2.3.5 不同生活垃圾转运站主体设施建设方式综合比较（表3-2）

不同建筑结构形式生活垃圾转运站对比　　　　　表 3-2

项目		地面式	地下式	半地下式	下沉广场（容器下沉）式
占地面积		相对较大	转运站房两层均需设置坡道，站房地面以上可做绿化或停车，占地面积较大	转运站房处于半地下，坡道位于地下，可考虑地下停车，占地面积相对较小	转运站房根据地势而建，坡道也是根据地势形成，占地面积相对较小
对周边环境的影响	视线遮挡影响	较大	较小	较小	较小
	居民生活影响	较小	较小	较小	较小
	周边规划发展的适应性	较难	较易	较易	较易
造价		造价相对低	造价很高	造价高	造价高
适合的转运规模		各种规模	300 吨/天以上	300 吨/天以上	300 吨/天以上
施工难易程度		相对简单	深基坑开挖及桩基处理难度及工程量大	涉及深基坑开挖及桩基处理，施工难度相对较大	涉及深基坑开挖及桩基处理，施工难度相对较大
臭气控制		一般	好	较好	较好
通风要求		一般	高	较高	较高
噪声		较大	最小	小	较小
应急检修难度		难度小	难度大	难度较大	难度较大
消防及人防要求		一般	高	较高	较高

注：生活垃圾转运站规模比较不含地埋箱（桶）式生活垃圾转运/收集站。

3.2.4 生活垃圾收集运输系统延伸介绍——管道输送系统

垃圾气力收集转运站是密闭化程度较高的全新生活垃圾输送技术（图 3-13），该系统主要通过预先铺设好的密闭管道，利用负压技术将生活垃圾抽送至中央垃圾收集站，再经压缩运送至垃圾处置场。该模式适用于高档社区、写字楼、医院等场景。

图 3-13 垃圾气力收集转运站示意图

3.2.5 生活垃圾转运设施延伸介绍——多种类型垂直（竖式）生活垃圾转运站

自 1998 年垂直（竖式）生活垃圾压缩转运站工艺技术从国外引入我国以来，在 20 多年的时间里得到了长足的发展和广泛应用，并在工艺方案、工艺布置多样化和迭代优化等多维度迅速提升。

3.2.5.1 高进低出垃圾转运站工艺及建筑形式介绍

1. 地上式垃圾转运站

地上式垃圾转运站站房整体建于地面，卸料作业区在二层，收集车须沿坡道上行进入该区域作业；转运作业区则布置于水平地面（图 3-14）。

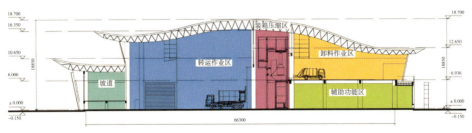

图 3-14 地上式垃圾转运站示意图

2. 半地下式垃圾转运站

半地下式垃圾转运站站房一半建筑结构建于地下，卸料作业区位于水平地面；转运作业区位于地下一层，转运车须沿坡道下行进入该区域作业（图3-15）。

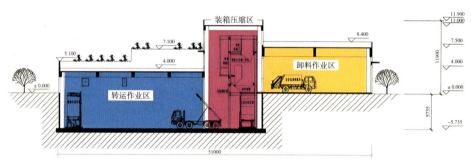

图3-15 半地下式垃圾转运站示意图

3. 全地下式垃圾转运站

全地下式垃圾转运站站房整体建于地下，卸料作业区位于地下一层，收集车沿其专用坡道下行进入卸料作业区作业；转运作业区位于地下二层，转运车同样沿其专用坡道下行进入转运作业区作业。收集车和转运车各有其独立专用坡道（图3-16）。

图3-16 全地下式垃圾转运站示意图

3.2.5.2 容器下沉式垂直压缩生活垃圾转运站工艺介绍

1. 同侧平进平出工艺介绍

收集车卸料区与转运车作业区在同一水平面共享区域内作业（图3-17）。

2. 异侧平进平出工艺介绍

收集车卸料区与转运车作业区在同一水平面但不同区域面作业（图3-18）。

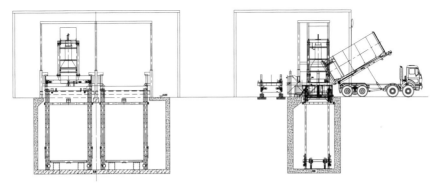

图 3-17 同侧平进平出示意图

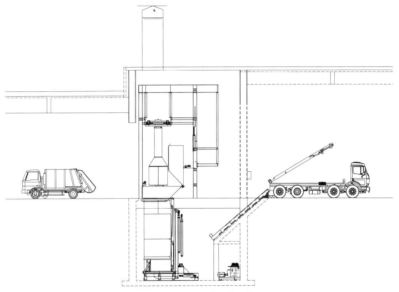

图 3-18 异侧平进平出示意图

3.2.5.3 围绕垂直（竖式）压缩工艺方式及设备布置

1. 前置悬挂式移动压实器（图 3-19）

前置悬挂式移动压实器能够遥控移位到需要压实的任意泊位上方，并实现压缩过程的自动化。

压实器利用安装在压实器顶部的电机水平移动，依靠液压系统对容器内垃圾进行竖直压实。

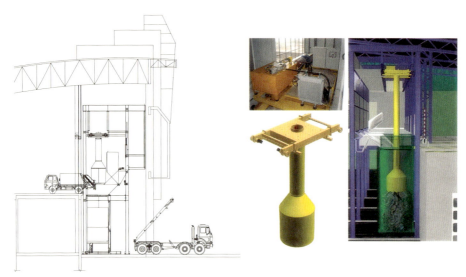

图 3-19 前置悬挂式移动压实器

垃圾容器竖直放置，压实器深入到容器内进行压缩，因此当压实器与垃圾容器分离时，垃圾反弹不会超过容器进料口，更不会散落到地面。

2. 后置地轨式移动压实器（图 3-20）

压缩系统总成是竖式压缩转运工艺设计配套的专用设备，该设备在工作泊位后侧设立专用压实器行走轨道。压实前，可提前移至该泊位后侧；压实时，后侧快速卷帘门打开，自动移位到该泊位上方，实现压实。整个过程无需人工定位，实现了压缩过程的智能化、自动化，产品运行可靠，操作及维护方便。

地轨：压实器放置在地面的轨道上移动。

后置：压实器行走轨道位于工作泊位后侧。

作业流程：压实器（大车）沿泊位排列方向（X向）左右移动到需压缩的泊位后侧，再沿泊位前后（Y向）移动（小车）到卸料泊位上方进行垂直压缩。

3. 后置悬挂式移动压实器（图 3-21）

后置悬挂式移动压实器能够根据容器装载情况以及泊位有无卸料车辆情况，全程无人化操作，程序自动控制，悬挂式行走，实现 X 和 Y 双向往复移位到需要的压实泊位上方，压缩过程全面自动化。

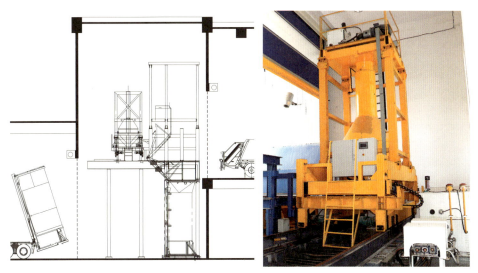

图 3-20 后置地轨式移动压实器

悬挂：压实器轨道位于泊位上方，压实器悬挂于轨道之下。

后置：压实器行走轨道位于工作泊位后侧。

作业流程：压实器（大车）沿泊位排列方向（X 向）左右移动到需压缩的泊位后侧，再沿泊位前后（Y 向）移动（小车）到卸料泊位上方进行垂直压缩。

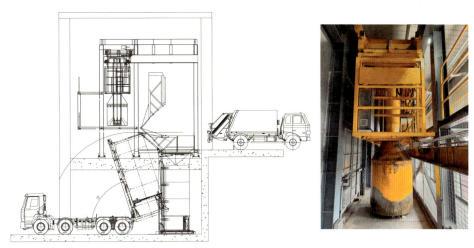

图 3-21 后置悬挂式移动压实器

第 4 章 发展成果及主要业绩

- ▶ 概述
- ▶ 标准
  - ▶ 国家标准
  - ▶ 行业标准
  - ▶ 地方标准（部分）
  - ▶ 团体标准
  - ▶ 企业标准
- ▶ 主要技术、工艺、装备与企业应用案例
  - ▶ 主要技术、工艺、装备
  - ▶ 典型装备应用案例

4.1　概述

近年来,我国城乡生活垃圾收运体系稳步、全面发展。规模不等、形式各异的生活垃圾转运站在我国大多数的城市中得到了落地及发展,且逐渐成为城市最重要的环卫设施之一。

目前"智能+环保+高效"的垃圾处理模式在国内垃圾处理市场占据着举足轻重的作用。经过了30多年的发展,国内涌现出了许多优秀的生活垃圾转运站投资单位、运营单位、设计单位以及设备供货单位,也出台了许多关于生活垃圾转运站的国家、地方、行业及企业的标准和规范。

4.2　标准

为推动国家"一网统管""安全生产法"和"双碳"的战略部署,基于工业互联网标准体系框架,我国搭建了以"基础标准—通用标准—专用标准"为基础的环境卫生标准体系,为环卫行业标准提供顶层设计支撑。环卫行业各细分领域也纷纷制定相关的技术标准,以期实现"降本、增效、绿色、提质、安全"的目标。同时,全国各级政府、各协会组织也积极制定地方标准、团体标准,与国家、行业共同引领环卫行业高质量发展。

我国生活垃圾收运、处理相关政策、法规、条例如表4-1所示。

生活垃圾收运、处理相关政策、法规、条例　　　表 4-1

序号	政策、法规、条例名称	发布时间	实施时间	施行情况
1	《中华人民共和国环境保护法》	1989-12	1989-12	修订通过日期 2014 年 4 月 24 日
2	《中华人民共和国固体废物污染环境防治法》	1995-10-30	1996-04-01	第二次修订日期 2020 年 4 月 29 日
3	《城市市容和环境卫生管理条例》	1992-06-28	1992-08-01	当前版本为 2017 年 3 月 1 日修订版
4	《城市生活垃圾管理办法》	2007-04-28	2007-07-01	—

4.2.1　国家标准

我国生活垃圾收运、处理相关国家标准如表 4-2 所示。

生活垃圾收运、处理相关国家标准　　　表 4-2

序号	标准名称	发布时间	实施时间	施行情况
1	《环境卫生技术规范》GB 51260—2017	2017-09-27	2018-05-01	废止
2	《市容环卫工程项目规范》GB 55013—2021	2021-04-09	2022-01-01	现行
3	《移动水平式生活垃圾压缩机通用技术条件》GB/T 36135—2018	2018-05-14	2019-04-01	现行

4.2.2　行业标准

为引导环卫行业健康、绿色和可持续发展，逐步完善环境卫生行业标准体系，住房和城乡建设部制定了生活垃圾转运站、收集站的技术规范、建设标准和评价指标等一系列行业标准，指导实际生产实践，实现环卫行业技术、管理和服务的标准化、规范化。我国生活垃圾收运、处理相关行业标准如表 4-3 所示。

生活垃圾收运、处理相关行业标准　　表 4-3

序号	标准、规范名称	主编/编制单位	发布时间	实施时间	施行情况
1	《生活垃圾转运站技术规范》CJJ/T 47—2016	华中科技大学	2016-06-14	2016-12-01	现行
2	《生活垃圾转运站运行维护技术标准》CJJ 109—2023	中国城市建设研究院有限公司	2023-09-22	2024-01-01	现行，替代CJJ 109—2006
3	《生活垃圾收集站技术规程》CJJ 179—2012	青岛市环境卫生科研所	2012-05-16	2012-11-01	现行
4	《生活垃圾收集运输技术规程》CJJ 205—2013	华中科技大学城市建设研究院	2013-11-08	2014-06-01	现行
5	《生活垃圾转运站评价标准》CJJ/T 156—2010	华中科技大学	2010-11-04	2011-08-01	现行
6	《生活垃圾转运站压缩机》CJ/T 338—2010	上海环境卫生工程设计院、珠海经济特区联谊机电工程有限公司	2010-05-18	2010-12-01	现行
7	《生活垃圾转运站工程项目建设标准》CJJ 117—2009	华中科技大学	2009-03-27	2009-08-01	现行
8	《生活垃圾收集站建设标准》CJJ 154—2011	住房和城乡建设部标准定额研究所	2011-09-26	2011-12-01	现行
9	《拉臂式自装卸装置》QC/T 848—2023	海沃机械（中国）有限公司等	2023-04-21	2023-11-01	现行
10	《自卸汽车液压系统技术条件》QC/T 825—2010	海沃机械（中国）有限公司等	2010-08-16	2010-12-01	废止
11	《环境卫生图形符号标准》CJJ/T 125—2021	华中科技大学	2021-12-13	2022-03-01	现行
12	《垃圾专用集装箱》CJ/T 496—2016	天津市环境卫生工程设计院等	2016-08-08	2017-02-01	现行
13	《垃圾转运站设备》JB/T 10855—2008	长沙建设机械研究院、长沙中联重工科技发展股份有限公司	2008-03-12	2008-09-01	现行
14	《生活垃圾收集站压缩机》CJ/T 391—2012	珠海经济特区联谊机电工程有限公司	2012-02-08	2012-08-01	现行

4.2.3 地方标准（部分）

为全面贯彻环卫行业"一网统管"的战略需求，推动国家标准、行业标准落地实施，地方（省、自治区、直辖市）标准化主管机构或专业主管部门因地制宜，制定环卫行业地方标准，以对生活垃圾转运站的建设、管理与服务起支撑作用，从而不断提高标准化工作的有效性和总体水平。我国生活垃圾收运、处理相关地方标准如表 4-4 所示。

生活垃圾收运、处理相关地方标准　　　　　表 4-4

序号	标准、规范名称	发布部门	发布时间	实施时间	施行情况
1	《生活垃圾收集转运设施运行监管标准》DBJ21—2012	海南省住房和城乡建设厅	2012-02-27	2012-05-01	现行
2	《生活垃圾转运站运行管理规范》DB11/T 271—2014	北京市质量技术监督局	2014-08-13	2014-12-01	现行
3	《生活垃圾转运站运行评价规范》DB11/T 861—2020	北京市市场监督管理局	2020-03-24	2020-07-01	现行
4	《生活垃圾收集站（压缩式）设置标准》DG/TJ 08—402—2021	上海市建设委员会	2021-12-24	2022-05-01	现行
5	《浙江省生活垃圾中转站改造提升技术导则》	浙江省住房和城乡建设厅	2022-01-29	2022-01-29	现行
6	《地埋式生活垃圾转运站技术规程》DBJ33/T 1324—2024	浙江省住房和城乡建设厅	2024-06-25	2024-12-01	报批

4.2.4　团体标准

由于国家标准、行业标准、地方标准制定周期长，为满足环卫行业市场现实需求、弥补市场标准的空缺、促进行业发展，中国城市环境卫生协会等社会团体积极制定相关团体标准，如表 4-5 所示。

生活垃圾收运、处理相关团体标准　　　　　表 4-5

序号	标准、规范名称	主编单位	发布时间	实施时间	施行情况
1	《生活垃圾分类投放操作规程》T/HW 00001—2018	华中科技大学、浙江联运环境工程股份有限公司	2018-11-20	2019-01-01	现行
2	《大件垃圾集散设施设置标准》T/HW 00002—2018	华中科技大学、深圳市生活垃圾分类事务管理中心	2018-11-20	2019-01-01	现行
3	《装修垃圾收运技术规程》T/HW 00014—2020	华中科技大学、武汉华曦科技发展有限公司	2019-05-12	2020-07-01	现行
4	《园林垃圾收运技术规程》T/HW 00019—2020	武汉华曦科技发展有限公司、华中科技大学	2020-09-08	2020-10-01	现行

续表

序号	标准、规范名称	主编单位	发布时间	实施时间	施行情况
5	《垃圾清运工职业技能标准》 T/HW 00005—2019	华中科技大学	2019-10-30	2019-12-01	现行
6	《地埋式垃圾收集（点）技术标准》 T/HW 00016—2020	华中科技大学、武汉华曦科技发展有限公司	2020-07-09	2020-09-01	现行
7	《餐厨垃圾集散转运设施设置标准》 T/HW 00015—2020	武汉华曦科技发展有限公司、华中科技大学	2020-06-05	2020-08-01	现行
8	《地埋式垃圾收集站（点）运行维护规程》 T/HW 00032—2021	武汉华曦科技发展有限公司、华中科技大学	2021-07-01	2021-08-01	现行
9	《背街小巷清扫保洁作业规程》 T/HW 00027—2021	华中科技大学、福建龙马环卫装备股份有限公司	2021-05-07	2021-06-01	现行
10	《农村垃圾分类设施设置标准》 T/HW 00029—2021	武汉华曦科技发展有限公司、华中科技大学	2021-05-13	2021-07-01	现行
11	《重大传染病疫情期间环境卫生行业应急工作导则（试行）》 T/HW 00020—2020	中国城市建设研究院有限公司	2020-10-14	2020-11-01	现行
12	《重大疫情期间生活垃圾投放和收运作业标准（试行）》 T/HW 00023—2021	同济大学	2021-02-01	2021-02-18	现行
13	《乡镇厨余垃圾预处理技术规程》 T/HW 00030—2021	华中科技大学、宁波开诚生态技术有限公司	2021-05-13	2021-07-01	现行
14	《道路及附属设施机械清洗作业规程》 T/HW 00028—2021	华中科技大学、福建龙马环卫装备股份有限公司	2021-05-07	2021-06-01	现行
15	《餐厨垃圾收运技术规程》 T/HW 00008—2020	武汉华曦科技发展有限公司、华中科技大学	2020-02-24	2020-03-28	现行
16	《垃圾分类投放/收集容器技术要求》T/HW 00021—2021	华中科技大学、武汉华曦科技发展有限公司	2020-12-25	2021-02-01	现行
17	《大件垃圾收运技术规程》 T/HW 00031—2021	武汉华曦科技发展有限公司、华中科技大学	2021-07-01	2021-08-01	现行
18	《生活垃圾转运站除臭技术要求》 T/HW 00041—2022	上海野马环境工程设备有限公司	2022-05-10	2022-07-01	现行
19	《生活垃圾收运智慧系统技术规定》 T/HW 00035—2022	苏州市伏泰信息科技股份有限公司	2021-11-23	2022-01-01	现行
20	《内河水面垃圾清捞收集作业规程》 T/HW 00038—2022	华中科技大学、深圳洁亚市环保产业有限公司	2022-02-25	2022-03-28	现行

续表

序号	标准、规范名称	主编单位	发布时间	实施时间	施行情况
21	《近海水面垃圾清捞收集作业规程》 T/HW 00039—2022	华中科技大学、中环洁环境有限公司	2022-02-25	2022-03-28	现行
22	《村庄清扫保洁与垃圾分类收运作业规程》 T/HW 00052—2023	武汉华曦科技发展有限公司、中鑫航（深圳）实业环境集团有限公司	2023-05-23	2023-08-01	现行
23	《景区垃圾分类收运作业规程》 T/HW 00053—2023	武汉华曦科技发展有限公司、华中科技大学	2023-05-23	2023-08-01	现行
24	《生活垃圾气力收运系统运行维护技术规程》 T/HW 00054—2023	华中科技大学、中城建胜义（深圳）环境科技有限公司	2023-06-02	2023-08-01	现行

4.2.5　企业标准

为适应市场竞争，环卫企业不断提高自身产品的质量，加大研发智能化产品的力度，加强自我规范，大多环卫企业已建立内部使用的信息化标准，个别发展较早以及发展水平较高的企业已形成企业标准，并积极参与环卫行业信息化行业标准的编制。本报告不一一列举。

4.3　主要技术、工艺、装备与企业应用案例

4.3.1　主要技术、工艺、装备

4.3.1.1　海沃机械（中国）有限公司

1. 企业简介

海沃国际集团成立于 1979 年，总部位于荷兰阿尔芬市，拥有 40 余家全资子公司、10 余家生产工厂，已在 130 多个国家和地区设立经销与服务网络，环卫收运设

备及配套车辆是其主营业务之一。

海沃机械（中国）有限公司是海沃国际集团的全资子公司，其将欧洲先进的环卫创新理念带到中国，在中国市场推出了系列移动式垃圾压缩设备、固定式垃圾压缩设备、大中型转运站成套设备、景观地埋式大型转运站等，提出了垃圾收运系统解决方案，同时为转运站配备了数字化监控系统和自动化操作系统的应用，实现了环卫作业精细化科学管理。

2. 主要技术：海沃新型移动式车箱对接收运体系

（1）技术介绍

1）产品概述

新型移动式车箱对接收运体系是移动式垃圾压缩设备与小型收集车辆对接收运的一种新型收运方式。收集车辆前端收集的垃圾经过车箱对接，直接由移动箱压缩运送至垃圾处理场所，整个收运体系理念先进，收运方式高效经济，收运过程无抛洒、无滴漏，贴合当下城市及乡镇的垃圾收运需求。

2）工艺流程图

海沃新型移动式车箱对接收运体系工艺流程见图4-1。

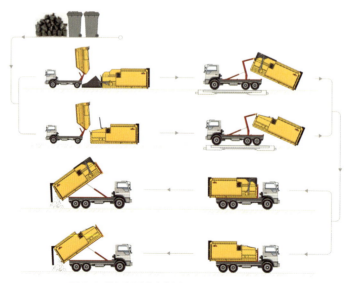

图4-1 海沃新型移动式车箱对接收运体系工艺流程

3）技术性能特点

①对接操作安全便捷：收集车辆配备多视角倒车影像，确保对接状态实时显示。

②对接收运效率高：整箱装满耗时不超过 20 分钟，对接效率高。整个对接过程只需一人操作。

③对接场地要求低：无复杂土建要求、预埋要求。

④对接区域无污染：移动箱大受料腔、料斗可与收集车无缝对接，对接过程无抛洒、无滴漏、无扬尘，对周围不造成二次污染。

⑤对接区域灵活转换：转运地点可以灵活选取，同时可以一车按序多地点转运收集，体系运营的灵活性高。

⑥体系运营成本低：就近转运，无需来回长途运输，运输成本低。

（2）相关专利

海沃新型移动式车箱对接收运体系相关专利见表 4-6。

海沃新型移动式车箱对接收运体系相关专利　　　　表 4-6

序号	专利名称	专利编号	申请日期	授权日期	专利类型
1	垃圾压缩车的控制系统和利用该系统处理垃圾的方法	ZL201410190032.2	2014-05-07	2016-05-11	发明

（3）实际应用情况

海沃新型移动式车箱对接收运体系相关专利实际应用情况见图 4-2。

3. 主要装备：海沃移动式垃圾压缩设备

（1）装备介绍

1）设备概述

海沃移动式垃圾压缩设备具有建站占地面积小、机动灵活、外观新颖等特点，可选装多种形式的上料装置，适合袋装收集、标准垃圾桶收集、人力车收集、小型机动车收集等多种上料方式。设备主要用于城市环卫收集站、居民小区、社区、医院、大型场馆等场所固废生活垃圾的收集与转运，可特别适用于市区征地难、场地较小条件下新建转运站及老站或垃圾楼的改造。

图 4-2　海沃新型移动式车箱对接收运体系相关专利实际应用情况

2）设备工作流程图

海沃移动式垃圾压缩设备工作流程见图 4-3。

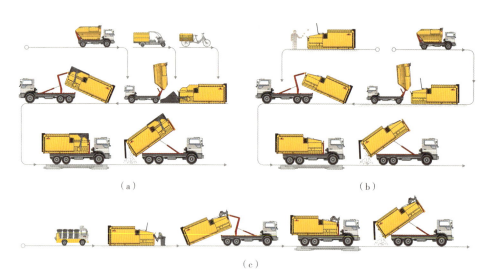

图 4-3　设备工作流程

3）设备性能特点

①采用经济且无污染的电力作为动力源，设备运营成本低。

②占地面积小、无需土建或仅需简易土建，经济实用，解决城市选址难题，适合各种生活垃圾的收集与转运。

③实现车箱分离、设备与转运站分离，机动灵活，便于管理协调，提高车辆与设备的利用率。

④采用智能电子钥匙，确保只有授权人员才能操作与调试设备，安全可靠。

⑤采用微电脑控制系统，具有记忆与自诊断功能，可根据不同工况智能调节处理程序；可从显示屏上很直观地即时显示箱体内的垃圾装载量，同时压缩机的运行状况也用图例自动显示在显示屏上，有效提示设备出现的故障及对应解决方法，形象、直观；其后门锁紧装置与密封结构，保证运输过程中不会发生二次污染。

（2）相关专利

海沃移动式垃圾压缩设备相关专利见表 4-7。

海沃移动式垃圾压缩设备相关专利　　　　表 4-7

序号	专利名称	专利编号	申请日期	授权日期	专利类型
1	一种移动式垃圾压缩箱	ZL201410190014.4	2014-05-07	2016-08-24	发明
2	垃圾压实机及其驱动系统	ZL201510234371.0	2015-05-08	2018-07-03	发明

（3）实际应用情况

海沃移动式垃圾压缩设备相关专利实际应用情况见图 4-4。

图 4-4　海沃移动式垃圾压缩设备实际应用情况

4.3.1.2 重庆耐德新明和工业有限公司

1. 企业简介

重庆耐德新明和工业有限公司（以下简称"重庆耐德"）成立于 2006 年 3 月，由重庆耐德工业股份有限公司与日本新明和工业株式会社共同出资 3000 万美元设立的专业生产中转站装备及市政环卫车辆的中日合资企业。目前已经形成了规格型号齐全的后装压缩垃圾车、侧装压缩垃圾车、车厢可卸式垃圾车、餐厨垃圾车、移动式垃圾压缩箱、大件破碎系统，水平直压、水平预压、平进平出垂直式压缩、上进下出垂直式压缩垃圾中转站，垃圾中转信息化管理系统等核心产品，并合作研发了排风除臭、双流体降尘、离子新风、垃圾渗沥液配套设备。

单/双换位门技术是重庆耐德生活垃圾转运站工艺中特有的核心技术，解决了垃圾转运过程中的"抛、冒、滴、漏"等难题；垂直式拉臂钩车解决了竖式压缩工艺存在的效率低和钢丝绳牵引的重大安全隐患难题；平进平出翻转架式竖起工艺在普通竖直式工艺上更进一步，使目前市场上大量装备的普通拉臂钩车实现竖式中转站罐体的转运，实现车辆通用。

为满足垃圾分类转运要求，创新采用水平压缩与竖直压缩工艺共站模式，见图 4-5。其他垃圾转运采用水平压缩工艺，充分发挥效率高、压缩密度大的特点。厨

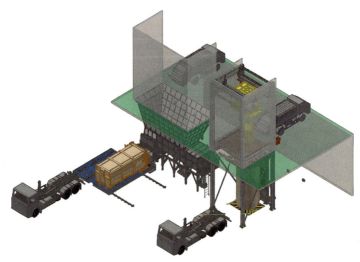

图 4-5　水平压缩与竖直压缩工艺共站模式

余垃圾转运采用竖直压缩工艺，充分发挥工艺环节简单、污水不外排的特点。

2. 主要技术："换位门"技术——解决集装箱后门夹渣和分箱垃圾抛洒问题

（1）技术介绍

1）技术概述

集装箱后门夹渣、机箱分离过程中垃圾抛洒是垃圾转运站一个很大的污染源。

集装箱后门夹渣和垃圾抛洒产生的原因主要在于箱体内被压缩垃圾的回弹，对此问题的解决主要依靠机箱对接技术的选用。在水平式压缩机中，压缩机与集装箱之间具有一个特殊的装料接口（简称机箱接口）。作业时既要保证接口敞开，能够向集装箱内装载垃圾，同时又要保证垃圾压装作业和集装箱转运作业时的密封性能。目前在水平式压缩机上主要有3种典型机箱接口形式，分别是"翻门式""闸门式"和"换位门式"。

2）工艺流程图

垃圾压缩动作分解详见图4-6。

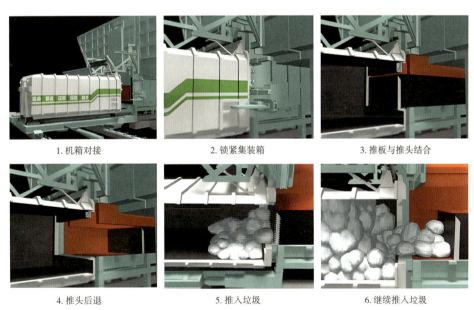

图4-6　垃圾压缩动作分解示意图（一）

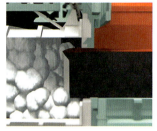

7. 压紧垃圾　　　　　　　　8. 闸压垃圾　　　　　　　　9. 机箱分离

图 4-6　垃圾压缩动作分解示意图（二）

3）技术性能特点

"翻门式"是在集装箱上直接设置一个侧翻后门的方式。集装箱与压缩机对接是先人工开启后门，装料后再人工关闭。其结构简单，但集装箱和压缩机分离时垃圾会坍塌掉出箱外，从而污染作业环境，目前已基本被淘汰。

"闸门式"则是为了解决"翻门式"垃圾坍塌问题所提出的另一种后门设计方式。"闸门式"集装箱采用一个上下升降的闸门来实现进料口的启闭，相对来说可以有效地避免机箱分离时垃圾的坍塌。但由于垃圾的回弹，当压缩机推头退回，闸门开始下降关闭时，极易导致集装箱后门夹渣，从而也导致机箱对接处的垃圾抛洒。这也是"闸门式"的致命缺陷。

"换位门式"是为解决"闸门式"的集装箱夹渣和垃圾抛洒问题而诞生的一种更新、更优的后门形式，同时根据实际情况有"单换位门"和"双换位门"之分。"换位门式"集装箱的进料口启闭是采用"推板"和压缩机上的换位插销来实现的。"推板"平时结合在集装箱的后门上，用于关闭集装箱的进料口。当集装箱与压缩机对接后又接驳到压缩机的推头上成为推头的一部分。因此当"换位门式"的压缩机在进行垃圾的压缩作业时，始终是靠推板直接接触垃圾，机箱分离时有效的避免了闸门的夹渣和垃圾抛洒问题。

（2）相关专利

"换位门"技术相关专利见表 4-8。

（3）实际应用情况

"换位门"技术相关专利实际应用情况如图 4-7、图 4-8 所示。

"换位门"技术相关专利　　表4-8

序号	专利名称	专利编号	申请日期	授权日期	专利类型
1	一种换位门的换位结构	201621049494.3	2016-09-12	2017-05-03	实用新型
2	一种垃圾集装箱的密封装置的锁定装置	201620935868.5	2016-08-25	2017-05-03	实用新型
3	一种垃圾集装箱的密封装置的封板	201620957813.4	2016-08-29	2017-03-08	实用新型
4	一种垃圾集装箱的密封装置的锁紧插销	201620957531.4	2016-08-29	2017-03-08	实用新型

图4-7 "单换位门"后门　　　　图4-8 "双换位门"后门

3. 主要技术：垃圾转运箱双层密封后门技术——解决运输过程污水滴漏问题

（1）技术介绍

现在市场中无论是闸门式还是换位门式的垃圾转运箱，其后门都不是完全密闭的，在长距离运输过程中或垃圾含水量较大时，污水不断向底部渗透，当水位高于后门坎后就会从门板与门体之间的缝隙中流出，沿途滴漏，造成二次污染。

为解决上述问题，耐德新明和在箱体后门上设计了一套自动密封门，与箱体后门形成双层密封。密封门采用液压驱动的四杆运动机构，在开启和关闭的运动轨迹中，不仅实现密封门的翻转，还具有水平锁紧动作，保证水平锁紧力的同时避免对密封胶条的侧向撕扯。垃圾转运箱体与垃圾压缩机对接前开启密封门，不影响机箱对接；垃圾压装完成后关闭，并且在运输过程中一直处于关闭状态；卸料时，通过程序控制实现先密封门再后门的开启顺序，完成卸料后，按先后门再密封门的顺序关闭。开启和关闭操作在驾驶室内即可完成。

通过加装密封门，即使经过长时间的运输，仍可保证箱体后门无污水滴漏，同时也避免转运沿途居民对环卫车辆的反感情绪。

（2）相关专利

垃圾转运箱双层密封后门技术相关专利见表4-9。

（3）实际应用

垃圾转运箱双层密封后门技术相关专利实际应用情况见图4-9、图4-10。

垃圾转运箱双层密封后门技术相关专利　　表4-9

序号	专利名称	专利编号	申请日期	授权日期	专利类型
1	一种装载垃圾的集装箱的污水处理装置	201620938961.1	2016-08-25	2017-03-08	实用新型
2	一种装载垃圾的集装箱用于污水处理的侧开门	201620938479.8	2016-08-25	2017-03-08	实用新型
3	一种垃圾集装箱的密封装置	201620935643.X	2016-08-25	2017-12-15	实用新型
4	一种垃圾集装箱的密封装置的锁钩固定装置	201620935867.0	2016-08-25	2017-05-03	实用新型

图4-9　关闭状态的密封门

图4-10　开启状态的密封门

4.3.1.3 上海中荷环保有限公司

1. 企业简介

上海中荷环保有限公司是南钢集团旗下环卫产业平台，专注于提供以竖式分类转运体系为核心的城乡智慧环卫一体化解决方案，广泛参与垃圾清扫保洁、分类收运、分类处置等项目的投资、建设和运营，是集投资、规划、咨询、设计、研发、设备制造、项目建设及营运于一体的多元化环卫综合服务企业。

中荷环保成立二十年来，以智能化竖式分类转运体系为核心，建立了垃圾分类收运及资源化利用系统和智慧环卫一体化服务体系，业务遍布全国 26 个省、市、自治区，落地项目 170 余个，转运站点 200 余个，日转运规模高达 10 万吨。参与编制国家与行业技术标准达 11 项。拥有自主研发 I 类知识产权 8 项、II 类知识产权 152 项。

2. 主要技术：无人值守智能化技术

（1）技术介绍

生活垃圾转运站智慧控制平台是基于垃圾转运站控制管理需要，综合运用三维数字可视化技术、AI 视频识别技术等先进技术搭建的全新管理平台。系统包括中央控制管理系统、视频监控系统、三维数据可视化系统和辅助系统等四大子系统在内的智慧控制平台软件系统。图 4-11 为生活垃圾转运站智慧控制平台系统界面。

图 4-11 生活垃圾转运站智慧控制平台系统界面

1）中央控制管理系统

中央控制管理系统能够实现收集车辆智能派位和指引、转运车辆智能派位和指引、除尘除臭系统运行数据采集和远程控制、车辆进出站称重信息采集、压实器和溜槽系统运行数据采集和远程控制、污水处理系统运行数据采集和远程控制、快速卷帘门系统运行数据采集和远程控制、车辆 GPS 定位系统、垃圾处理报表查看等功能，通过计算机网络对车辆信息、垃圾收集信息进行采集、存储、统计及打印，并根据要求输出设备控制信号进行垃圾转运控制和其他设备控制，从而达到系统的智能化管理。

2）视频监控系统

在站内各泊位、卸料场地、转运场地、车辆进出口、称重处、人员出入口等重要位置分别布置摄像监控点位，通过摄像机采集监控图像，并以视频信号的模式汇聚至主控制室视频监控显示器，以实现对站内各作业区域及有安防要求的位置进行视频监控及录像。

3）三维数据可视化系统

通过三维可视化技术，对转运站站房和各工艺设备进行真实展现，并可进行任意角度的调整及场景的切换。将三维可视化技术有机融入中央控制系统，以真实转运站的仿真场景为基础，对各个工艺流程、重要设备的形态进行复原，并实时反映其生产流程和运行状态。通过三维可视化手段对转运站内设备形态进行真实展现，并对生产设备的结构、工艺、工作原理进行动态展示，基于数据驱动，可接入实时采集数据对设备进行实时仿真。

4）中控室辅助系统

中控室辅助系统包括 LCD 拼接屏电视墙或小间距 LED 屏及中控操作台、AI 视频识别辅助系统等辅助设备。

系统运用的核心技术为 3D 可视化模块，通过 3D 图形化引擎，基于实时数据对转运站内的各自动化系统进行虚拟实景的动态呈现，通过综合指挥平台可实时查看压实器、溜槽、除尘除臭系统等各自动化系统的运行状态和三维实景动画演示，实现设备动作状态可视化。

（2）技术特点

1）垃圾转运站中央管理系统

中央管理系统为生活垃圾转运站的"大脑"，在垃圾转运站运营中起到保障站内各种设备作业有序，站内生产安全、调度科学合理，降低运营成本、提高运营效率等作用。

2）数据可视化模块

通过图形化手段对转运站内各系统运行数据、垃圾转运报表进行实时呈现，手机App实时显示运营状态数据。

3）压实器行走射频（RFID）定位系统

压实器行走射频定位技术具有适用性、高效性、独一性、简易性等优点，可以解决因感应开关问题导致定位错误问题，实现精准定位，性能可靠、稳定。

（3）AI视频识别辅助系统技术应用

AI视频识别辅助系统是一种先进的图像分析系统，摄像头信号通过视频服务器进行采集，基于智能分析与管理平台，对采集的图像数据进行实时分析，能有效检测、分类、跟踪车辆、人员、物品等关键目标，从而达到状态检测、安全预警等特殊事件捕捉的目的（图4-12）。

1）AI视频识别车辆检测技术

AI视频识别车辆检测技术，通过智能图像分析功能对垃圾转运站中的视频画面进行深度学习，识别并创建业务需要的物体模型，以此为车辆在位状态提供物体模型依据（图4-13）。当有站内工作车辆进入规定区域，系统会对物体进行分析，当与学习的模型匹配成功后判定车辆在位。

图4-12　AI视频识别辅助系统技术

图4-13　车辆检测技术

2）AI 视频识别安全告警技术

利用 AI 视频识别安全告警技术，通过设定警戒区域或警戒线，实时监测泊位口及其他作业危险区域的人员情况，当有车辆正在卸料或泊位机构正在工作时有人员越过警戒线，系统将自动发出报警，触发报警联动机制及应急预案，对相关设备采取急停等措施（图 4-14）。

生活垃圾转运站通过应用智慧控制平台，采用数字化、智能化管理，替代人工操作，可实现"无接触"作业，降低劳动强度，提高作业安全性，提升转运效率，保障生活垃圾分类，从而创造良好的社会效益，进而通过智慧控制平台，在一定区域内实现联网互通，给一个区乃至一个城市的整体环卫水平带来显著的提升，为居民提供健康、绿色的生活环境。

3. 主要技术：竖式装箱压缩转运工艺

（1）工艺介绍

竖式装箱压缩转运工艺，充分运用力学原理，收集车将垃圾卸入竖直摆放的容器内，利用垃圾本身的重量自压，再借助压实器进行压实，压缩效果更好，环境效果更佳，既节约能耗又环保高效。

竖式装箱压缩转运站主体设备由垃圾收集车、垃圾转运车、容器、压实器、溜槽、设备支撑平台、除尘除臭系统、称重系统、中控系统等设备组成（图 4-15）。

以容器为核心，转运站所有设备都直接或间接地围绕容器运转，转运车将容器竖直摆放于卸料泊位，漏斗型溜槽置于容器开口上方，垃圾直接从收集车卸入容器而有

图 4-14 AI 视频识别安全告警技术

图 4-15 竖式装箱压缩转运站示意图

效防止垃圾散落。当容器内垃圾装载到一定容积时，可移动式压实器移到容器上方，对容器内垃圾进行压实。容器满箱后，由装有钢丝牵引机构的转运车将容器牵引上车运至垃圾末端处置场处置。整个工艺设计独特，结构简洁，易于维护，即使在停电状态下转运站也可以保证工作，配合中央监控系统、称重计量系统和除尘除臭系统，达到科学、高效、环保的运行效果。

（2）工艺特点

简捷高效、节能降耗、垃圾分类转运、环境效果好、扩容性好、转运技术先进、占地面积小。

（3）优化拓展

在原有异侧高进低出工艺的基础上，开发出异侧平进平出工艺、同侧平进平出工艺、同侧高进低出工艺等形式，缩小了转运站的占地面积（图4-16~图4-18）。

中荷环保提出的压实器由传统的前置悬挂式拓展出后置悬挂式、后置地轨式（图4-19），解决了传统竖式工艺难以实现自动化的难题。其优点包括：压实器在卸料压实舱后侧横向行走，可以保证压实器在横向移动中避免与卸料作业的收集车

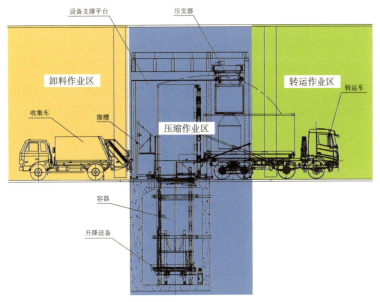

图4-16　异侧平进平出工艺示意图

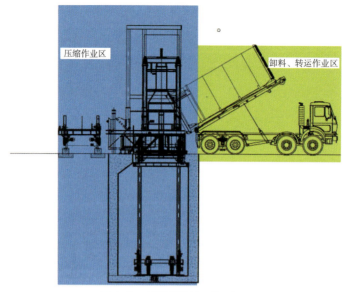

图 4-17 同侧平进平出工艺示意图

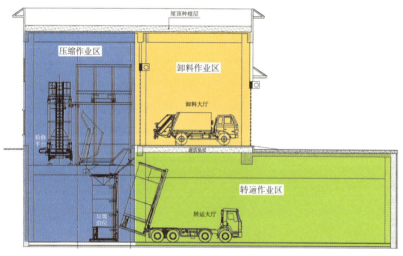

图 4-18 同侧高进低出工艺示意图

冲突，有利于整个转运站的自动化控制设计。因为压实器在后侧横向行走，卸料压实舱可以做到封闭，从而大大减少卸料过程对周围环境的影响。该设备结构与工艺形式已申请多项发明专利。

图 4-19　压实器后置式布置示意图

4.3.1.4　福龙马集团股份有限公司

1. 企业简介

福龙马集团股份有限公司成立于 2002 年,是专注于环卫领域的主板上市公司。公司 20 年来始终致力于城市服务产业发展,坚持行业首创的"装备+服务"双轮驱动战略,目前已形成全产业链业务发展体系。

集团环境服务事业部项目目前已覆盖全国 23 个省(直辖市、自治区),分公司与子公司近百家,总员工数超 6 万人。已完整构建"龙马环境生态系统",包含城乡环境、智慧物管、市政维护、园林绿化、资源再生五大业务应用场景。

2. 主要装备

(1)装备事业部建立全环卫装备产品体系,可广泛满足城乡道路清洁、垃圾收运等环卫作业需求。

(2)城服机器人版块目前已打造出全球首款基于滑板底盘开发的智能清扫机器人,通过 4 个轮边电机的驱动形式实现四轮驱动、四轮转向的高灵活性和高度场景适应性。

（3）龙马环境科技版块专业经营固体废弃物处理处置领域，专注餐厨/厨余废弃物综合处理和垃圾污水处理，致力实现固废处置全体系的优化，为客户提供固废领域全方位的解决方案。

4.3.1.5 深圳市迈睿迈特环境科技有限公司

1. 企业简介

深圳市迈睿迈特环境科技有限公司（以下简称"迈睿环境"）成立于2015年，是国内最早从事智能地埋式垃圾收集装备的企业之一，公司是集智能环卫装备研发、制造、销售于一体，并为客户提供投资、建设、运营等"一站式"服务的国家高新技术企业及专精特新企业。

迈睿环境自2015年从瑞士引进地埋式垃圾收集技术，经过多年的消化、吸收与再创新，先后申报专利100多项，主要产品智能地埋式垃圾收集装备致力于解决城市环卫设施空间限制、邻避问题及卫生隐患等三大问题。

2. 主要装备：智能地埋式垃圾站

（1）技术介绍

迈睿智能地埋式垃圾站是在目前欧洲地埋垃圾转运站设备技术基础上，结合我国国情和垃圾转运的实际需求，针对性定制的安全可靠和高效的生活垃圾转运站设备。

整个设备由动力系统、举升系统、翻桶机构、压缩箱、灭火系统、料口喷淋除臭系统、空间负压除臭系统、排水系统、渗沥液收集系统、物联系统、环境监测系统、AI无人督导系统等组成。具备挂桶自动倒料和转运车倒料两种模式，且可互相兼容（图4-20）。

图4-20　智能地埋式垃圾站

（2）设备特点

设备的动力及举升系统采用了目前较为先进、安全、安静和高效的中央油缸动力加钢缆的吊篮式结构，确保压缩箱稳定可靠的举升。结构具有举升平台运行一致性好、噪声低、上升（下降）速度快和可靠性高等特点。

渗沥液收集系统由设备顶部一级密闭过滤装置和基坑底部沉沙隔油收集池组成，压缩箱压缩垃圾时，渗沥液经过箱体底部密闭管道进入设备平台的一级沉沙隔油池，经分离过滤后，通过密闭软管进入基坑底部的二级沉沙隔油池，经过二次分离过滤，满足排放要求。

环境监测系统实时监测场地硫化氢、氨气、$PM_{2.5}$、噪声等环境信息，并通过云平台反馈到运维管理者终端，防止基坑有害气体聚集，保护维修操作人员安全（图4-21）。

设备除臭配备空间喷淋除臭+负压净化除臭系统。密闭基坑在设备工作及高峰时段自动喷洒雾化植物消杀除臭液，有效解决垃圾转运及储存过程中的恶臭及细菌问题。负压臭气净化系统采用负压收集后综合洗涤+生物除臭+UV光解多段处理工艺，使排放满足国家相关标准。

图4-21　迈睿环境云管理平台界面

设置安全逻辑控制回路，配备汽车级安全灭火装置，能自动感应火灾同时启动灭火系统，并及时通过物联系统将火灾情况上报管理人员。

设备智能化方面，通过智能感知终端+迈睿物联云平台可实现设备远程状态及异常监控，实时查看设备运行状态及设备故障异常。通过AI督导+云服务，实现智能化运维管理及监督（图4-22）。

图4-22　迈睿环境智能化管理及监督云平台

3. 主要装备：智能地埋式垃圾桶/箱

（1）技术介绍

迈睿环境智能地埋式垃圾桶提供了狭小空间垃圾收运解决方案（图4-23）。垃圾收集转运过程中不脏、不臭、大容量，并与周围景观充分融合。适合小区、公园、景点等人员较多、对环境要求较高的场合。

设备由投料设备、动力系统、升降机构、消杀除臭设备、灭火系统、自动排水系统、物联控制系统和AI督导等组成。上部投料设备的数量可以依据客户的需求选择（1~5个），根据应用场景的需要，可以分为厨余垃圾、可回收垃圾和有害垃圾等。

（2）设备特点

投料设备采用316不锈钢制作，满足户外防锈耐腐蚀使用环境；根据常规垃圾

图 4-23 智能地埋式垃圾桶

大小可设置不同投料口径,可根据分类垃圾采用分色分类设计,开盖方式可选择自动感应开盖、脚踏开盖、身份识别刷卡开盖等方式。

升降机构分为固定架与托举架两大部分。可在托举架底板上放置国际标准垃圾桶,后侧及放桶两边均设有挡杆,防止桶身侧滑;垃圾桶装卸过程可以通过加装的引坡板来消除托举架与基坑之间的缝隙;托举架的上层为放置投料器的基础台面,表面采用潜水艇涂层(高分子弹性体涂层),耐磨防腐。

安全方面,设备采用多种措施,如图 4-24 所示。

图 4-24 设备安全措施

排水系统由排水井、排水沟、相应的排水管道及水泵组成。水泵设置一备一用，当排水井内的水位超过上液位线时，水泵自动启动，开始排水；当水位低于下液位线时，水泵自动停机，同时可根据设备型号设计相应的排水量。

对于灭火系统，举升平台下相应位置安装有汽车级超细干粉消防系统，在出现火灾隐患时能自启动，确保安全，并及时通过物联系统将火灾情况上报管理人员（图4-25）。

图4-25 灭火系统

（3）相关专利

迈睿环境相关专利见表4-10。

迈睿环境相关专利　　　　　　　表4-10

序号	专利名称	专利编号	申请日期	授权日期	专利类型
1	一种地埋式垃圾集中收集装置及其控制方法	CN202010380593.4	2020-05-08	2022-05-03	发明专利
2	一种分料器	CN202010380631.6	2020-05-08	2022-02-01	发明专利
3	具有动力弓的地埋站四柱滑轮抬举装置	CN201921075457.3	2019-07-10	2020-09-08	实用新型
4	地埋站投料口双翻转结构	CN201921074768.8	2019-07-10	2020-04-07	实用新型
5	景观地埋桶投料器	CN201930080031.6	2019-02-28	2019-10-11	外观设计
6	地埋设备故障信息收集系统	2021SR0198457	2020-07-20	2021-02-04	软件著作
7	基于智能垃圾分类的传感器对垃圾投放动作的自动识别系统	2019SR0087940	2018-09-30	2019-01-24	软件著作

4.3.1.6　天津津生环境科技有限公司

1. 企业简介

天津津生环境科技有限公司（以下简称"津生环科"）是天津生态城投资开发有限公司和新加坡吉宝组合工程有限公司合作成立的国有控股企业。前身是天津生态城环保有限公司。

津生环科秉承"智慧+生态"服务理念，深耕城市环境卫生综合服务十余载，在垃圾气力输送系统建设运营、垃圾分类收集等领域积累了丰富的运营管理经验。中新天津生态城生活垃圾气力输送系统是目前国内建设、运营规模最大的气力收集系统，津生环科作为建设运营单位，在气力输送技术的应用、设备升级、运营标准化等方面均取得了丰硕成果，有助于气力输送技术在生活垃圾输送领域广泛推广应用。

2. 主要技术：生活垃圾气力输送

（1）技术介绍

垃圾气力输送系统是指通过预先铺好的管道系统，利用负压技术，将生活垃圾输送到中央垃圾收集站集中处理。

按照功能来分，垃圾气力输送系统分为主系统和辅助系统。主系统包括收集站系统、公网系统、物业网系统和废气处理系统；辅助系统指空气压缩系统。收集站系统与公网系统通过进站倾斜弯管连接结合。公网系统与物业网系统通过物业网分段阀连接结合。收集站系统主要为生活垃圾收集提供动力来源，同时完成垃圾与输送空气的分离和垃圾分离后的压实工作。公网系统主要工作是根据收集站与各物业网的地理位置，合理布置管道拓扑，搭建物业网到收集站的有效通道，完成生活垃圾从物业网到收集站的输送，利用公网投放装置实现环卫保洁作业的就近投放功能。物业网系统主要完成生活垃圾的终端收集、储存与排放、控制工作。废气处理系统完成系统流动介质（有异味空气）处理并达标排放工作。空气压缩系统为整个系统中的阀门执行器动作提供动力来源。

收集站系统、公网系统、物业网系统、废气处理系统和空气压缩系统紧密结合，共同完成生活垃圾的收集任务。生活垃圾气力输送系统工艺原理如图4-26所示。

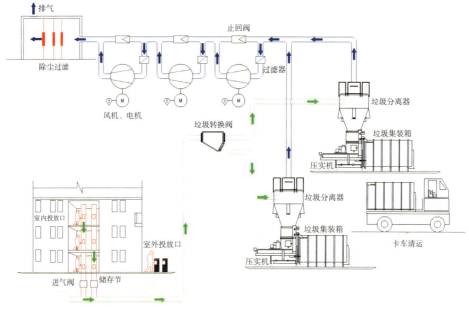

图 4-26　生活垃圾气力输送系统工艺原理图

（2）技术特点

1）生活垃圾气力输送系统通过预埋地下管道，利用负压技术完成生活垃圾收集收运工作，收运过程中 100% 密闭化运输，无垃圾洒漏、无臭味溢出，有助于营造良好的城市宜居环境。

2）气力输送系统具有高度机械化、智能化特点，可通过系统自控模式完成对覆盖范围内生活垃圾投放口中垃圾的收集、运输工作，显著减少清运人力和车辆投入，有效降低垃圾清运车辆作业过程中对城市交通造成的影响。

（3）实际应用

生活垃圾气力输送技术在中新天津生态城区域内得到广泛应用，全域规划建设气力输送系统 12 套，覆盖面积 $30km^2$，服务人口 30 万人，日均收集生活垃圾 270 吨，目前已建设并投入运行 5 套气力输送系统，整体运行稳定，对于助力生活垃圾分类收集运输、打造美好城市环境具有显著作用（图 4-27）。

图 4-27　生活垃圾气力输送技术实际应用情况

3. 主要技术：封闭式生活垃圾气力输送中央控制系统

（1）技术介绍

1）系统工艺概述

封闭式生活垃圾气力输送中央控制系统主要由收集站控制系统、投放站控制系统两部分组成。

中央控制系统作为主系统的核心，对外通过网络总线连接各生活垃圾投放口，对内通过丰富的数据接口，对变频器、压差传感器、阀门、压实机、分离器进行测控。最终将数据汇总于中央控制器，并利用现场工控机对设备进行实时监控，提供设备动作控制、实时数据监测、历史数据查看、传感器信息管理、用户账号信息管理、远程监控等服务。投放站控制系统以分布式测控技术为依托，通过多传感技术对垃圾物料信息进行采集，各执行模块与数据采集模块相互配合，实现终端垃圾的存储、投放、输送。

系统运用电力传动、自动控制、智能传感等技术，以垃圾的智能、高效、绿色、安全收运与管理为核心，集成垃圾智能分类投放、设备运行参数监控、异常报警管理等功能模块，对垃圾进行全天候、全自动、全封闭式收运，最大限度地对垃圾进行资源化处理，从而实现生态、低碳的生活方式。

2）系统架构图

封闭式生活垃圾气力输送中央控制系统架构见图4-28。

3）技术性能特点

①系统集中控制，收运作业全程数字化、可视化，完善管控结构，方便营运企业实施信息化管理。

②优化的传感设备与系统布局，提高作业效率，降低系统成本。

③系统自主设计，灵活性好，可以方便、快速的根据市场要求进行修改。

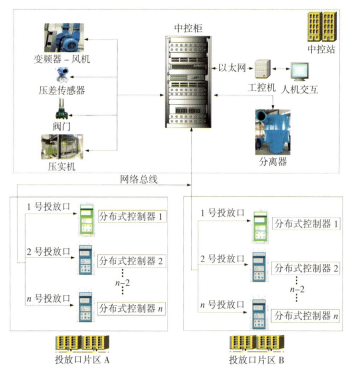

图4-28 封闭式生活垃圾气力输送中央控制系统架构图

④拓展性好，模块化的设计与丰富的数据接口，无缝对接各类大数据管理平台，适应各类市场需求。

⑤自动化程度高，操作简单便捷，方便运营人员快速了解系统。

⑥可靠性与容错性高，通过冗余设计与故障检测机制，实现系统对故障的诊断与提示，从而保证系统的稳定运行。

（2）相关专利

津生环科垃圾气力输送系统相关专利见表4-11。

津生环科相关专利　　　　　　　　表4-11

序号	专利名称	专利编号	申请日期	授权/公开日期	专利类型
1	一种用于垃圾气力输送系统的智能投放箱	CN202121146902.8	2021-05-26	2021-12-21	实用新型
2	一种用于垃圾气力输送系统的变频风机控制机构	CN202121146882.4	2021-05-26	2021-12-21	实用新型
3	一种用于垃圾气力输送系统的智能投放箱及其使用方法	CN202110579497.7	2021-05-26	2021-07-23	发明
4	一种垃圾气力输送系统的室外投放口底阀缓冲式称重机构	ZL202121149017.5	2021-05-26	2022-02-25	实用新型
5	垃圾气力输送中控系统 V1.0	2023SR0192016	2021-08-20	2023-02-02	软件著作
6	基于负压的垃圾回收系统 V1.0	2023SR0192165	2021-08-20	2023-02-02	软件著作

（3）实际应用情况

封闭式生活垃圾气力输送中央控制系统实际应用见图4-29、图4-30。

图4-29　中控柜设备布局

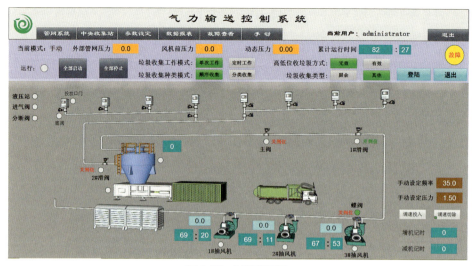

图 4-30 上位机效果图

4.3.1.7 盈峰环境科技集团股份有限公司

1. 企业简介

盈峰环境科技集团股份有限公司（以下简称"盈峰环境"）于 2000 年在深圳证券交易所上市。围绕"智慧环卫"发展战略，盈峰环境形成了"智能装备、智慧服务、智云平台"三大业务领域。长沙中联重科环境产业有限公司位于湖南省长沙市岳麓高新技术开发区，占地 1417 亩，现有 3000 余名员工，集环卫机械与环境装备等高新技术研发制造、环境项目投资运营为一体，经营规模与品牌影响力居于行业前列。长沙中联重科环境产业有限公司 2018 年并入盈峰环境。

依托国家级科研院所强大的科研实力和全球领先的环境装备生产制造能力，长沙中联重科环境产业有限公司于 2000 年开始自主研发生活垃圾转运系统设备。拥有最齐全的产品族类，包含小型收集站、中大型转运站和分类转运综合站的压缩系统、除臭系统和污水处理系统成套设备；涵盖水平直压、水平预压、竖直直压三大压缩工艺，以及厨余垃圾压榨处理和可回收物分拣全类型生活垃圾的转运和处理。

2.主要技术：厨余垃圾压榨脱水处理技术

（1）技术介绍

厨余垃圾压榨脱水处理技术是一种新型的以减量化为目标的厨余垃圾处理技术（图4-31）。采用压榨脱水技术将厨余垃圾进行固液分离，分别进行处置：固相采用压榨脱水系统压榨脱水，此工艺能提高垃圾焚烧燃值，减少垃圾焚烧量，脱水后的固渣依托现有成熟终端垃圾焚烧处理；液相为厨余垃圾脱水后的压滤液，压滤液进入压榨液预处理系统，经处理后的污水满足后端污水处理要求。液相的压滤液含一定的有机质，也可以送至餐厨垃圾处理厂进行厌氧发酵制备沼气，实现一定的资源化利用。

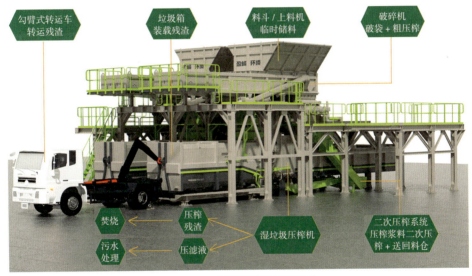

图4-31 厨余垃圾压榨脱水处理技术

（2）技术特点

1）工艺简单、全流程环节少，占地面积小、设备投资小。

2）采用创新型水平推板式压榨机，相对传统的螺旋压榨/VM压榨，压力较小，压滤出的污水中有机质含量相对较少，易实现达标排放，整体运营成本低。

3）厨余垃圾分离的残渣（固相）及污水（液相），终端处理方式为焚烧+污水处理，终端处理工艺成熟可靠，无技术风险，可实现真正的闭环处理。

4）创新型压榨机对来料纯度要求较低，可较好适应当前我国生活垃圾分类初期分类效果不好而导致厨余垃圾中杂料多的工况。

5）脱水率高：压缩力大，单位面积压力大，脱水率高达15%~25%。

6）环保性好：压榨机及各对接口处均采用全封闭式设计。

7）污水导排性好：具有快速的污水导排系统及完善的收集系统。

8）有效进行渣水分离：二次压榨脱水过滤，污水、残渣有效分离。

9）结构可承压强度大：压榨机结构强度好，能承受较大压缩力长时间的作用。

（3）实际应用情况

图4-32为厨余垃圾压榨脱水处理技术实际应用情况。

图4-32　厨余垃圾压榨脱水处理技术实际应用情况

3. 主要工艺：分类压缩转运工艺

（1）工艺介绍

针对生活垃圾分类收集，打造生活垃圾分类压缩转运站；集竖直直压压缩与水平直压压缩于一体，两种压缩工艺共用卸料平台、共用转运车辆，不同类型的垃圾采用不同的压缩技术处理，兼顾大件垃圾和园林垃圾处理，充分发挥各压缩转运工艺的优势，达到最佳处理效果。

（2）工艺特点

生活垃圾分类投放和收集以后，干垃圾比重较小、弹性更好，而湿垃圾比重较大、流动性更好。水平直压工艺，如果将湿垃圾在垃圾集装箱中进行压缩，会出现垃圾箱排水不够（垃圾箱作为压缩容器，受转运车总质量限制，无法做四周排水的夹层），压头退回准备关闭垃圾箱闸门时，湿垃圾回流，无法及时关门，机箱分离后垃圾严重洒落的情况。竖直直压工艺，如果将干垃圾在竖向圆形集装箱中进行压缩，因干垃圾弹性更好，压缩后圆周膨胀性更好，而竖向圆形集装箱更容易填充，所以会出现干垃圾压满后无法卸出的情况。

为了解决以上问题，公司创新地提出了用水平直压工艺压缩干垃圾、竖直直压工艺压缩湿垃圾的分类压缩工艺（表4-12、图4-33）。

图 4-33 分类压缩转运工艺图

分类压缩转运工艺　　　　　　　　　　表 4-12

垃圾种类	垃圾特性	最合适工艺
干垃圾（其余垃圾）	含水少、比重小	水平直压（容易卸料）
湿垃圾（厨余垃圾）	含水多、比重大	竖直直压（站内不排水）

（3）实际应用情况

分类压缩转运工艺实际应用情况见图4-34。

图4-34　分类压缩转运工艺实际应用情况

4.3.1.8　今创城投（成都）环境工程有限公司

1. 企业简介

江苏今创环境集团有限公司是一家以环境综合治理，环卫产品研发、制造、销售、服务与运营（环卫一体化）为主要业务的综合性多元化企业，集团总部位于江苏常州，在成都建立了西南总部及制造基地[今创城投（成都）环境工程有限公司]并以成都为中心建立了六大营销服务网络，运营至今先后获得成都市20强环境装备智造企业、国家高新技术企业等诸多荣誉。公司充分发挥以今创品牌、资金、技术（市级技术中心）和运营管理的优势，秉承"忠诚、敬业、自强、感恩"的企业精神，抢抓发展机遇，为建设美丽中国的生态文明贡献力量。

2. 主要装备

主要装备有：垃圾分类的新能源收（转）运车辆、智能分类箱柜、餐厨垃圾分布式处理设备、指挥管理平台、移动箱、垃圾压缩成套设备（水平式、竖式），以及农村生活污水、垃圾污水处理设备，新风除臭系统等。

4.3.1.9 山东群峰重工科技股份有限公司

1. 企业简介

山东群峰重工科技股份有限公司（以下简称"群峰重工"）成立于 2005 年，是一家将垃圾预处理系统、垃圾中转系统、物联网系统和称重系统等全面结合，并将独立自主研发、生产集于一体的高新技术企业。公司在海南、新疆、广西等地都建有生产基地，生产基地总占地面积 500 多亩。公司现有员工 350 多人。

作为一家高新技术企业，群峰重工创新性地将人工智能技术应用到垃圾分类行业中，实现了精准、高效的产品回收目标，对推动我国垃圾资源化、减量化、无害化处理进程发挥重要作用。

2. 主要装备

主要涉及两大板块：垃圾综合处理系统和垃圾中转系统。垃圾综合处理系统主要包括：生活垃圾综合处理单元、有机（餐厨和厨余）垃圾综合处理单元、建筑垃圾综合处理单元、可回收垃圾综合处理单元、干式炉渣预处理单元、园林垃圾综合处理单元及厌氧单元等。垃圾中转站系统主要包括：大型竖式垃圾中转站和中小型智能垃圾中转站系统。

4.3.2 典型装备应用案例

4.3.2.1 案例 1：南京城南生活垃圾转运站

1. 基本情况

建设单位：江苏省南京市城建集团

所在区域：江苏省南京市雨花台区板桥街道新湖大道柿子树社区服务中心前 100 米

设计规模：1500 吨 / 日

开工 / 竣工时间：2014 年 4 月 /2015 年 6 月

转运工艺类型：水平直压工艺

主要设备型号：HM60/75

结构形式：全地上

转运单程运距：60 公里

投资建设单位：江苏省南京市城建集团

设计咨询单位：上海市政工程设计研究总院（集团）有限公司

设备制造单位：海沃机械（中国）有限公司

项目运营单位：江苏省南京市城建集团

项目投资金额：1.2 亿元

2. 案例特点

压缩设备采用与欧洲同步技术的水平压缩设备，转运站内除建有压缩车间外，还配有处理二次污染的渗沥液处理厂的臭气处理设施，此外还建有办公区、设备维修车间等附属设施。

站点中控室采用 DLP 拼接屏，集成 8 大系统：①压缩系统；②称重系统；③交通指挥系统；④监控系统；⑤臭气处理系统；⑥渗沥液处理系统；⑦渗沥液真空抽吸系统；⑧电力监控系统。

3. 获奖情况

该项目在中国城市环境卫生协会主办的"2018 年环卫一体化示范案例"征集活动中获评"整体解决方案示范案例"。

4. 实景照片（图 4-35）

图 4-35　南京城南生活垃圾转运站实景照片

4.3.2.2 案例2：成都市武侯区垃圾压缩中转站

1. 基本情况

单位名称：成都武侯资本投资管理集团有限公司

所在区域：成都市武侯区南桥村（三环路内）

设计规模：2000吨/日

开关/竣工时间：2021年9月/2023年3月

转运工艺类型：水平直压式

主要设备型号：HM60/75

结构形式：全地下

转运单程运距：40千米

投资建设单位：成都武侯资本投资管理集团有限公司

设计咨询单位：中国华西工程设计建设有限公司

设备制造单位：海沃机械（中国）有限公司

项目运营单位：成都环境集团

项目投资金额：6亿（土建+设备）

2. 案例特点

本项目为全国目前最大规模的坡道式全地下转运站，负一层卸料，负二层拉箱，地面为公园化设计，其中设计垃圾压缩处理规模2000吨/日，采用远程智能集成化控制，包含其他垃圾压缩、大件破碎、车辆清洗渗滤液处理等功能，并配置负压抽风系统、离子新风系统和喷雾系统等环保设施。

3. 获得奖项

无。

4. 实景照片（图4-36）

图4-36 成都市武侯区垃圾压缩中转站实景照片（一）

图 4-36 成都市武侯区垃圾压缩中转站实景照片（二）

4.3.2.3 案例 3：扬州汤汪垃圾分类综合转运站

1. 基本情况

建设单位：扬州广陵区环卫办

所在区域：江苏省扬州市广陵区汤汪路 35 号

设计规模：450 吨/日

开工/竣工时间：2020 年 9 月/2021 年 11 月

转运工艺类型：水平直压工艺

主要设备型号：HM40/50

结构形式：半地下（平进低出）

转运单程运距：30 千米

投资建设单位：扬州广陵区环卫办

设计咨询单位：扬州市城市规划设计研究院有限责任公司

设备制造单位：海沃机械（中国）有限公司

项目运营单位：北控海沃（扬州）环境服务有限公司

项目投资金额：8000 万元

2. 案例特点

汤汪垃圾分类中转综合体，是广陵区乃至全省第一座半地下中型垃圾分类中转综合体，实现其他垃圾压缩转运、厨余垃圾破袋筛分预处理、可回收物分拣打包、有害垃圾暂存、大件垃圾破碎及配套的污水处理、臭气处理、数字化管理平台等多功能融合，以及分类垃圾的集约化、高效化中转，减少了对环境的影响，是目前国内领先的分类垃圾集中中转的"一站式"综合体。

3. 获奖情况

该项目获评中国城市环境卫生协会"2021年度村镇垃圾治理实践案例"。

4. 实景照片（图4-37）

图4-37 扬州汪汪垃圾分类综合转运站实景照片

4.3.2.4 案例 4：福州大凤全地下转运站

1. 基本情况

建设单位：福州市鼓楼区环境卫生管理处

所在区域：福州市鼓楼区

设计规模：150 吨 / 日

开工 / 竣工时间：2016 年 7 月 /2018 年 6 月

转运工艺类型：水平直压工艺

主要设备型号：HM35/35

结构形式：全地下

转运单程运距：30 千米

投资建设单位：福州市鼓楼区环境卫生管理处

设计咨询单位：中国城市建设研究设计院福建分院

设备制造单位：海沃机械（中国）有限公司

项目运营单位：福建金顺环境服务有限公司

项目投资金额：4000 万元

2. 案例特点

大凤全地下转运站是国内首座全地下花园式转运站，具有占地面积小、密闭性强、智能化程度高等特点，项目占地 2851.2 平方米，配备前端卸料车 18 辆、转运车辆 5 辆、固定箱 5 只，转运站内配备离子送风设备、负压除尘设备、空间喷淋除臭设备、易燃易爆气体检测装置、污水真空抽吸系统、交通指挥系统、大屏显示系统、柴油发电机组、上位机控制系统等，可无害化完成生活垃圾转运。

3. 获奖情况

无。

4. 实景照片（图 4-38）

图 4-38　福州大凤全地下转运站实景照片

4.3.2.5　案例 5：杭州城东分类减量综合体

1. 基本情况

建设单位：杭州市环境集团有限公司

所在区域：浙江省杭州市钱塘银海街文津北路交叉口东北角

设计规模：2000 吨 / 日

开工 / 竣工时间：2019 年 9 月 /2021 年 5 月

转运工艺类型：水平预压 +45m³ 压缩式半挂车

主要设备型号：XBG200

结构形式：半地下

转运单程运距：60千米

设计咨询单位：中国市政工程中南设计研究总院有限公司

设备制造单位：重庆耐德新明和工业有限公司

项目运营单位：杭州市环境集团有限公司

项目投资金额：5.59亿元

2. 案例特点

项目占地面积5324亩，地上建筑面积1.64万平方米，地下建筑面积1.5万平方米。该项目为全国首座半地下式水平预压减量综合体，采用水平预压＋压缩式半挂车工艺，单套设备最大处理能力达120吨/小时，单次转运量达25吨。转运站整体实现全自动机械化处理，包括收集车辆数据采集、自动压缩、站内监控、除臭喷淋操控、车辆GPS远程监控五大系统。

3. 获奖情况

杭州市建设工程"西湖杯"结构优质奖；2023年度浙江省建设工程"钱江杯"。

4. 实景照片（图4-39）

图4-39 杭州城东分类减量综合体实景照片（一）

图 4-39　杭州城东分类减量综合体实景照片（二）

4.3.2.6　案例 6：杭州萧山绿色循环综合体

1. 基本情况

建设单位：杭州萧山城市建设投资集团有限公司

所在区域：杭州市钱塘新区红垦农场（项目用地面积 45.1755 亩）

设计规模：2000 吨 / 日

开工 / 竣工时间：2019 年 6 月 /2020 年 12 月

转运工艺类型：水平预压 +45 立方米压缩式半挂车

主要设备型号：XBG200

结构形式：全地上全包式

转运单程运距：30 千米

设计咨询单位：杭州市城乡建设设计院股份有限公司

设备制造单位：重庆耐德新明和工业有限公司

项目运营单位：杭州萧山城市固废清洁直运有限公司

项目投资金额：3.88 亿元

2. 案例特点

项目采用垃圾"清洁直运 + 高效转运"新模式，实现生活垃圾资源化利用、减量化压缩和无害化处理。

3. 获奖情况

杭州市建设工程"西湖杯"结构优质奖。

4. 实景照片（图 4-40）

图4-40 杭州萧山绿色循环综合体实景照片

4.3.2.7 案例 7：杭州之江分类减量综合体

1. 基本情况

建设单位：杭州市环境集团有限公司

所在区域：杭州市西湖区转塘街道

设计规模：600 吨 / 日

开工 / 竣工时间：2020 年 6 月 /2022 年 12 月

转运工艺类型：同层垂直式压缩 + 翻转式换位平台 + 水平勾臂车转运

主要设备型号：CZJ30

结构形式：全地下室结构，花园式外观设计

转运单程运距：38 千米

设计咨询单位：上海市政工程设计研究总院（集团）有限公司

设备制造单位：重庆耐德新明和工业有限公司

项目运营单位：杭州市环境集团有限公司

项目投资金额：3.2 亿元

2. 案例特点介绍

本项目位于杭州市西湖区转塘街道，街道内有国家级旅游开发区——之江度假区及较多历史古迹、高等学府。项目采用全地下垂直式压缩工艺，地面为大面积的绿化，美观的地面绿地与多功能地下环卫设施和谐共生，实现基础设施绿色化。

3. 获奖情况

无。

4. 案例实景照片（图 4-41）

图 4-41　杭州之江分类减量综合体实景照片（一）

图 4-41　杭州之江分类减量综合体实景照片（二）

4.3.2.8　案例 8：宁波市江东生活垃圾分类转运站

1. 基本情况

建设单位：宁波市海曙区环境卫生服务中心

所在区域：宁波市江东区福明街道桑家社区

设计规模：610 吨 / 日

开工 / 竣工时间：2015 年 11 月 /2017 年 11 月

转运工艺类型：水平式压缩 + 密闭式集装箱 + 水平勾臂车转运

主要设备型号：LYZ70

结构形式：半地下

转运单程运距：60 千米

设计咨询单位：上海市政工程设计研究总院（集团）有限公司

设备制造单位：重庆耐德新明和工业有限公司

项目运营单位：宁波市铭晟环境科技有限公司

项目投资金额：3.74 亿元

2. 案例特点

该项目占地面积 19374 平方米，地下建筑面积 21807 平方米。该项目是宁波市通过引入循环经济理念，借鉴国际先进的垃圾分类处理经验，实施垃圾源头分类和资源化利用，完善再生资源回收利用体系，建立创新型的生活废弃物分类回收循环利用示范体系，从而最大程度实现城镇生活废弃物无害化、减量化和资源化的示范项目。

3. 获奖情况

世行贷款宁波市城镇生活废弃物收集循环利用示范项目。

4. 实景照片（图 4-42）

图 4-42　宁波市江东生活垃圾分类转运站实景照片

4.3.2.9　案例 9：上海虹口区生活垃圾压缩转运站

1. 基本情况

建设单位：上海环境集团股份有限公司

所在区域：上海市虹口区黄山路 35 号

设计规模：800 吨/日

开工/竣工时间：2005 年完工，2019 年 4 月升级改造，2019 年 9 月改造完成

转运工艺类型：竖式工艺

主要设备型号：压实器型号 SC20，溜槽 SRD4

结构形式：半地下

转运单程运距：15 千米

投资建设单位：上海环境集团股份有限公司

设计咨询单位：上海环境卫生工程设计院有限公司

设备制造单位：上海中荷环保有限公司

项目运营单位：上海城瀛废弃物处置有限公司

项目投资金额：原投资约 22000 万元，改造投资约 700 万元

2. 案例特点

上海虹口区生活垃圾压缩转运站被列为 2005 年虹口区政府重大项目。2019 年 4 月，为配合上海市垃圾分类工作的开展，虹口区生活垃圾压缩转运站进行了全面升级改造，于 2019 年 9 月全部改造完成并投入使用。改造后的虹口区生活垃圾压缩转运站既满足了干垃圾、湿垃圾和餐厨垃圾分类转运需要，又符合上海市生活垃圾水陆联运的运输需求。

上海虹口区生活垃圾压缩转运站分类转运改造的成功，得到了上海市、虹口区两级政府主管部门的充分肯定和高度赞扬，开创了上海市垃圾转运站分类转运改造的先河，为上海市垃圾分类体系建设补齐了"转运"环节，为后续上海徐浦码头、蕰藻浜码头等转运站的改造奠定了基础，也为全国垃圾转运站分类转运改造提供了积极的示范。

3. 获奖情况

无。

4. 实景照片（图 4-43）

图 4-43　上海虹口区生活垃圾压缩转运站实景照片

4.3.2.10　案例 10：苏州工业园区星明街生活垃圾转运站

1. 基本情况

建设单位：苏州工业园区综合行政执法局

所在区域：江苏省苏州市星明街东、苏虹西路北

设计规模：600 吨/日

开工/竣工时间：2011 年建成，2015 年实施全面改造，2016 年 8 月改造完成

转运工艺类型：竖式工艺

主要设备型号：压实器：SC24；溜槽：SRD1；容器：SS20；转运车：SAD5312ZXXE6

结构形式：半地下

转运单程运距：20 千米

投资建设单位：苏州工业园区城管局

设计咨询单位：苏州悉地设计有限公司

设备制造单位：上海中荷环保有限公司

项目投资金额：原投资约 300 万元，改造投资约 7000 万元

2.案例特点

苏州工业园区星明街生活垃圾转运站是苏州工业园区第一座也是苏州第一座大型生活垃圾转运站。于 2016 年 12 月 20 日试运营，该站按照绿色二星设计建造。日转运规模约占园区生活垃圾转运总量的 51%，最高生活垃圾日处理量 766 吨，生活垃圾日均量 575 吨。

苏州工业园区星明街生活垃圾转运站的高标准建设、规范化管理，为全国垃圾转运站分类转运改造提供了积极的示范。

3.获奖情况

绿色建筑二星。

4.实景照片（图 4-44）

图 4-44 苏州工业园区星明街生活垃圾转运站实景照片

4.3.2.11　案例11：上海市杨浦区生活垃圾转运站

1. 基本情况

建设单位名称：上海环境集团股份有限公司

所在区域：上海杨浦区军工路3701号

设计规模：1200吨/日

开工/竣工时间：2021年5月/2021年10月

转运工艺类型：竖式工艺

主要设备型号：压实器型号：SC04；溜槽型号：RD03

结构形式：全地上

转运单程运距：20千米

投资建设单位：上海环境集团股份有限公司

设计咨询单位：上海环境集团股份有限公司

设备制造单位：上海中荷环保有限公司

项目运营单位：上海环杨固废中转运营有限公司

项目投资金额：改造投资约8000万元

2. 案例特点

上海杨浦区生活垃圾转运站，承担了杨浦区主要的生活垃圾现场消纳与中转任务，日接纳转运生活垃圾1000余吨。该站建成时间较长，站内设施陈旧，自动化水平低，作业人员工作强度大；因工艺老旧，站内逸散异味、废气排放超标，空气质量差，环境污染严重，给周边小区居民生活造成了较大困扰。同时该站又是一座传统水平预压混合垃圾中转站，转运工艺不能满足当前分类垃圾的转运要求。2020年9月，上海城投（集团）有限公司与杨浦区环杨固废中转运营有限公司委托上海环境卫生工程院制定工程改造方案，要求改造项目在不改动原有主体建筑结构的情况下，满足当前垃圾中转规模，增加垃圾分类转运功能，同时分别增加废气吸纳、处置工艺及污水处理系统。通过系统性改造升级，进一步提升老站功能，改善环境质量，减轻工作人员劳动强度，实现工艺流程智能化、环保化。

杨浦区生活垃圾中转站改造是对传统水平压缩模式的一次大胆创新尝试，也是我国首个传统水平压缩站改造竖式压缩站、升级无人值守智能化中转站项目。项目改造立足当前、着眼长远，具有积极的社会效应和引领示范作用。上海杨浦区生活垃圾转运站分类转运的成功改造，得到了上海市、杨浦区政府主管部门和业内的多方赞扬和充分肯定，开创了上海市垃圾转运站科技化、无人化改造的先河，进一步加强了上海市全程垃圾分类体系的建设，为后续整个垃圾中转行业早日步入工业4.0时代提供了模板。

3. 获奖情况

无。

4. 实景照片（图4-45）

图4-45　上海市杨浦区生活垃圾转运站实景照片

4.3.2.12 案例 12：青岛市城阳生活垃圾转运站

1. 基本情况

建设单位：青岛顺清源环境有限公司

所在区域：山东省青岛市城阳区城阳街道长江路与东堤顶路交叉口南 100 米

设计规模：1200 吨/日

开工/竣工时间：2021 年 9 月开工建设，2022 年 10 月正式运行

转运工艺类型：竖式工艺

主要设备型号：压实器：SC01；溜槽：RD01；容器：CG01；转运车：SAD5312ZXXE6

结构形式：半地下

转运单程运距：28 千米

投资建设单位：青岛顺清源环境有限公司

设计咨询单位：中国城市建设研究院有限公司

设备制造单位：上海中荷环保有限公司

项目投资金额：1.8 亿元

2. 案例特点

青岛城阳生活垃圾转运站采用了多项新技术，实现了整个压缩转运环节如自动开箱、自动翻斗、自动压缩的全程无人值守智能化运行；压缩装箱过程由中控系统自动控制；在闸门开启过程中自动喷淋空气净化气体，做到了对臭味的隔绝；三维可视化技术有机融入到中央控制系统，以真实转运站的仿真场景为基础，对各个工艺流程、重要设备的形态进行复原，并实时反映其生产流程和运行状态。同时加入了 AI 智能识别功能，可有效的确保生产区域的人员安全，既满足干垃圾和湿垃圾的分类转运需要，又符合青岛市生活垃圾分类的运输需求。

3. 获奖情况

无。

4. 实景照片（图 4-46）

图 4-46 青岛市城阳生活垃圾转运站实景照片

4.3.2.13 案例 13：英德中心城区大型生活垃圾压缩转运站

1. 基本情况

建设单位：英德市绿景垃圾处理有限公司

所在区域：清远市英德区 S347 以北、乐广高速东侧、X381 以南、武广铁路西侧

设计规模：350 吨 / 日

开工 / 竣工时间：2020 年 1 月 /2021 年 10 月

转运工艺类型：水平直压工艺

结构形式：全地上

转运单程运距：58千米

投资建设单位：英德市绿景垃圾处理有限公司

设计咨询单位：福龙马集团股份有限公司

设备制造单位：福龙马集团股份有限公司

项目运营单位：英德市绿景垃圾处理有限公司

项目投资金额：3500万元

2. 案例特点

项目位于广东省清远市英德市，项目占地面积约为20307平方米，近期建设用地面积为9948平方米，项目整体建成后，近期可以满足英德中心城区270吨/日的生活垃圾压缩量，远期垃圾压缩最大处理能力可以达到350吨/日。

对作业过程中产生的气体，采用植物液喷淋和负压抽风除臭处理工艺，保证达标排放；通过风幕机和快速卷帘门防止臭气外泄；在污水处理时，采用隐蔽工程进行统一收集、集中处理和有序排放，保证达标排放。该转运站在民生改善方面起到了重要作用，让垃圾处理更加高效环保，实现了社会效益与环境效益的双赢，建立智能化、高效化、环保化的垃圾转运新模式。

3. 获奖情况

无。

4. 实景照片（图4-47）

图4-47　英德中心城区大型生活垃圾压缩转运站实景照片（一）

图 4-47　英德中心城区大型生活垃圾压缩转运站实景照片（二）

4.3.2.14　案例 14：石狮市垃圾转运站

1. 基本情况

建设单位：石狮市龙马环卫工程有限公司

所在区域：泉州市石狮市

设计规模：80 吨 / 日

开工 / 竣工时间：2023 年 4 月 /2023 年 7 月

转运工艺类型：垂直直压工艺

结构形式：半地下

转运单程运距：25 千米

投资建设单位：石狮市龙马环卫工程有限公司

设计咨询单位：福龙马集团股份有限公司

设备制造单位：福龙马集团股份有限公司

项目运营单位：石狮市龙马环卫工程有限公司

2. 案例特点

项目位于福建省泉州市石狮市，占地面积约为 400 平方米。垂直垃圾压缩站垃圾压缩后垃圾密度可达 0.9 吨 / 立方米，压实度高，垃圾在压缩、储存和卸料等作业过程中始终处于封闭状态，没有垃圾脱落及污水外溢现象，同时减少了垃圾臭气的外溢，设备和场地便于清洗，对周围环境的污染很小。设备自动化程度较高，减轻了环卫工人的劳动强度。工作可靠，性能优越。

3. 获奖情况

无。

4. 实景照片（图4-48）

图4-48　石狮市垃圾转运站实景照片

4.3.2.15 案例 15：宝安南路智能地埋式垃圾站

1. 基本情况

建设单位：深圳市罗湖区城市管理和综合执法局

所在区域：深圳市罗湖区幸福里东南 50 米

设计规模：40 吨 / 日

开工 / 竣工时间：2022 年 10 月 /2022 年 12 月

转运工艺类型：地埋水平直压工艺

主要设备型号：MDZA16301

结构形式：全地下

转运单程运距：39 千米

投资建设单位：深圳市罗湖区城市管理和综合执法局

设计咨询单位：深圳市水务规划设计院股份有限公司

设备制造单位：深圳市迈睿迈特环境科技有限公司

项目运营单位：深圳升阳升清洁服务有限公司

项目投资金额：900 万元

2. 案例特点

转运站所在地为深圳市最繁华的 CBD 商圈万象城，紧邻生态圈布吉河及城市绿道，周边环境质量要求极高。转运站配套地埋式压缩站设备、监控、喷淋消杀、灭火、空间除臭、称重、污水排放、渗沥液收集过滤、环境监测、光伏发电、无线控制、智慧平台等多项自动、智能化控制系统。

成套装备设计能够抑制站点臭气逸散、细菌传播、噪声污染等，有效改善环卫工人作业环境，同时解决邻避效应；自动智能化设计，实现在线监控管理，雨污有序导排，降低环卫劳动强度，有效提高站点转运效率；站点外观设计使站点与周边绿地、河道景观融为一体。

3. 获奖情况

无。

4. 实景照片（图 4-49）

图 4-49　宝安南路智能地埋式垃圾站实景照片

4.3.2.16　案例 16：深圳大鹏新区坝光智能地埋式垃圾站

1. 基本情况

建设单位：深圳市大鹏新区建筑工务署

所在区域：深圳市大鹏新区

设计规模：40 吨 / 日

开工 / 竣工时间：2020 年 11 月 /2021 年 11 月

转运工艺类型：地埋水平直压工艺

主要设备型号：MDZA16301

结构形式：全地下

转运单程运距：42千米

投资建设单位：深圳市大鹏新区建筑工务署

设计咨询单位：深圳翰博设计股份有限公司

设备制造单位：深圳市迈睿迈特环境科技有限公司

项目运营金额：深圳市大鹏新区坝光开发建设运营管理有限公司

项目投资：1010万元

2. 案例特点

坝光智能地埋式垃圾转运站所在地为深圳市大鹏新区，周边环境质量要求极高。转运站配套地埋式压缩站、监控、喷淋消杀、灭火、空间除臭、称重、污水排放、垃圾污水收集过滤、环境监测、光伏发电、无线控制、智慧平台等多项自动、智能化控制系统与设备。

成套装备设计能够抑制站点臭气逸散、细菌传播、噪声污染等，有效改善环卫工人作业环境，同时解决邻避效应；自动智能化设计可实现在线监控管理、雨污有序导排，降低环卫人员劳动强度，有效提高站点转运效率；站点外观设计使站点与周边绿地等景观融为一体。

3. 获奖情况

无。

4. 实景照片（图4-50）

图4-50 深圳大鹏新区坝光智能地埋式垃圾站实景照片（一）

图 4-50　深圳大鹏新区坝光智能地埋式垃圾站实景照片（二）

4.3.2.17　案例 17：福田商报大厦智能地埋式垃圾收集站

1. 基本情况

建设单位：深圳报业集团

所在区域：深圳市福田区

设计规模：6 吨/日

开工/竣工时间：2021 年 10 月/2021 年 12 月

转运工艺类型：地埋式

主要设备型号：MDTC60501

结构形式：全地下

转运单程运距：3 千米

投资建设单位：深圳报业集团

设计咨询单位：深圳市力丰装饰设计工程有限公司

设备制造单位：深圳市迈睿迈特环境科技有限公司

项目运营单位：深圳报业集团

2.案例特点

智能地埋式垃圾收集站位于深圳市福田区景田深圳商报社大厦广场内,紧邻商报社办公大楼,周边环境要求极高。智能地埋式收集点配套地埋式垃圾暂存设备、喷淋消杀、灭火、空间除臭、污水排放、无线控制、智慧平台等多项自动、智能化控制系统。

成套装备设计能够抑制站点臭气逸散、细菌传播等,有效改善环卫工人作业环境,同时解决邻避效应;自动智能化设计,实现雨污有序导排,降低环卫劳动强度,有效提高站点转运效率。

3.获奖情况

无。

4.实景照片(图4-51)

图4-51　福田商报大厦智能地埋式垃圾收集站实景照片

4.3.2.18　案例18:深圳市福外高中地埋式垃圾收集站

1.基本情况

建设单位:深圳市福田区外国语高级中学

所在区域:深圳市福田区外国语高级中学校内

设计规模:4吨/日

开工/竣工时间:2020年10月/2020年12月

转运工艺类型：地埋式

主要设备型号：MDTC60501

结构形式：全地下

转运单程运距：3千米

投资建设单位：深圳市福田区外国语高级中学

设计咨询单位：深圳市力丰装饰设计工程有限公司

设备制造单位：深圳市迈睿迈特环境科技有限公司

项目运营单位：深圳市福田区外国语高级中学

2.案例特点

福外高中智能地埋式垃圾收集站位于深圳市福田区福外国语高级中学校内，为提高在校学生垃圾分类的意识，对收集点垃圾分类的要求较高。智能地埋式收集桶配套地埋式垃圾暂存设备、喷淋消杀、灭火、空间除臭、污水排放、无线控制、智慧平台等多项自动、智能化控制系统。

成套装备设计能够抑制站点臭气逸散、细菌传播等，有效改善环卫工人作业环境，同时解决邻避效应；自动智能化设计，实现雨污有序导排，降低环卫劳动强度，有效提高站点转运效率。

3.获奖情况

无。

4.实景照片（图4-52）

图4-52 深圳市福田区外国语高中地埋式垃圾收集站实景照片

4.3.2.19 案例 19：中新天津生态城生活垃圾收运（气力输送）工程 2 号系统

1. 基本情况

建设单位：天津津生环境科技有限公司

所在区域：中新天津生态城和韵路 14A 地块

设计规模：27.75 吨 / 日

开工 / 竣工时间：2009 年 5 月 /2018 年 12 月

转运工艺类型：智慧垃圾分类 + 公共管网与物业管网 + 气力输送系统 + 密闭式集装箱 + 水平勾臂车转运

主要产品型号：非标产品

结构形式：全地上

收运距离：2 千米

投资建设单位：天津津生环境科技有限公司

设计咨询单位：中国市政工程华北设计研究总院

设备制造单位：恩华特环境技术（天津）有限公司

项目运营单位：天津津生环境科技有限公司

项目投资金额：5229 万元

2. 案例特点

中新天津生态城生活垃圾收运（气力输送）工程 2 号系统公共管网工程全线管道长度约为 2475 米，公共管网均为直埋敷设，建筑面积 1238.18 平方米，建筑高度 14.65 米，建筑层数 3 层，主要结构类型为框架结构，建筑类型为公用建筑，设计使用年限为 50 年，服务人口 2.6 万人，覆盖 29 个区域，投放口数量 321 个。

气力输送作为一种新兴的垃圾收集技术，通过地下管道完成垃圾收集输送，实现了生活垃圾 100% 密闭化收集，气力输送系统的控制中枢，也是动力中心，在站内实现生活垃圾固气分离、垃圾压缩打包、废气处理等，最后由卡车将集装箱运送至垃圾资源化处理厂或焚烧厂处理。大幅提升了垃圾收集的智能化、绿色化水平。避免了人与垃圾直接接触，改善了环卫工人的工作环境，克服了传统垃圾收集方式带来的臭气、蚊蝇、鼠害等二次污染，降低了垃圾收运车辆通行带来的空气污染及噪声影响，创造更加宜居的城市环境。气力输送系统较传统垃圾收运方式,具备高效智能、密闭环保等多项特点。该项目是目前国内设计、建设、运营规模最大的气力输送系统,自运行以来,积累了丰富的建设、运营管理经验,为生态城模式对外复制和推广打下了坚实的基础。

3. 获奖情况

无。

4. 实景照片(图4-53)

图4-53 中新天津生态城生活垃圾收运(气力输送)工程2号系统实景照片

4.3.2.20 案例20：中新天津生态城生活垃圾收运（气力输送）工程3号系统

1. 基本情况

建设单位：天津津生环境科技有限公司

所在地点：滨海新区中新天津生态城和顺路969号

设计规模：19.91吨/日

开工/竣工时间：2009年8月/2018年12月

转运工艺类型：智慧垃圾分类+公共管网与物业管网+气力输送系统+密闭式集装箱+水平勾臂车转运

设备型号：非标产品

结构形式：全地上

收运距离：1.7千米

投资建设单位：天津津生环境科技有限公司

设计咨询单位：中国市政工程华北设计研究总院

设备制造单位：恩华特环境技术（天津）有限公司

项目运营单位：天津津生环境科技有限公司

项目投资金额：4600万元

2. 案例特点

中新天津生态城生活垃圾收运（气力输送）工程3号系统公共管网工程全线管道长度约为1800米，日处理规模18.8吨/日，公共管网均为直埋敷设；建筑面积1081.28平方米，建筑高度14.45米，建筑层数2层、局部3层，主要结构类型为框架结构，建筑类型为公建，设计使用年限为50年，服务人口2.4万人，覆盖16个区域，投放口数量55个。

3. 获奖情况

无。

4. 实景照片（图4-54）

图4-54 中新天津生态城生活垃圾收运（气力输送）工程3号系统实景照片（一）

图 4-54　中新天津生态城生活垃圾收运（气力输送）工程 3 号系统实景照片（二）

4.3.2.21　案例 21：中新天津生态城生活垃圾收运（气力输送）工程 5 号系统

1. 基本情况

建设单位：天津津生环境科技有限公司

所在地点：滨海新区中新天津生态城中天大道 699 号

设计规模：20.6 吨 / 日

开工 / 竣工时间：2010 年 4 月 /2019 年 1 月

转运工艺类型：智慧垃圾分类 + 公共管网与物业管网 + 气力输送系统 + 密闭式集装箱 + 水平勾臂车转运

设备型号：非标产品

结构形式：全地上

收运距离：2.2 千米

投资建设单位：天津津生环境科技有限公司

设计咨询单位：中国市政工程华北设计研究总院

设备制造单位：恩华特环境技术（天津）有限公司

项目运营单位：天津津生环境科技有限公司

项目投资金额：4368万元

2.案例特点介绍

中新天津生态城生活垃圾收运（气力输送）工程5号系统公共管网工程管道长度约为1706m，日处理规模18.8吨/日，公共管网均为直埋敷设；建筑面积1083.80平方米，建筑层数2层，局部3层，主要结构类型为钢筋混凝土框架，建筑类型为工业厂房，服务人口2.4万人，覆盖15个区域，投放口数量75个。

3.获奖情况

无。

4.实景照片（图4-55）

图4-55 中新天津生态城生活垃圾收运（气力输送）工程5号系统实景照片

4.3.2.22　案例 22：南京城南垃圾站分类提升改造项目

1. 基本情况

建设单位名称：南京环境集团有限公司

所在区域：南京市雨花台区

设计规模：290 吨/日

开工/竣工时间：2020 年 9 月/2020 年 11 月

转运工艺类型：厨余垃圾采用压榨工艺

主要设备型号：LZT20

结构形式：全地上

转运单程运距：60 千米

投资建设单位：江苏省南京市城建集团

设计咨询单位：中国市政工程华北设计研究总院有限公司

设备制造单位：长沙中联重科环境产业有限公司

项目运营单位：江苏省南京市城建集团

项目投资金额：5767.93 万元

2. 案例特点介绍

厨余垃圾压榨脱水处理技术是一种新型的以减量化为目标的厨余垃圾处理技术。采用压榨脱水技术对厨余垃圾进行固、液分离，分别进行处置。固相采用压榨脱水系统压榨脱水，以提高垃圾焚烧燃值，减少垃圾焚烧量，脱水后的固渣依托现有成熟终端进行焚烧处理。液相为厨余垃圾脱水后的压滤液，压滤液进入压榨液预处理系统，处理后满足后端污水排放要求。

该垃圾站是对原有水平直压压缩转运站进行改造而来：拆除原有一个机位，安装两条压榨线，占地仅 470 平方米。针对后端无厨余垃圾处理厂但又要处理前端垃圾分类后的厨余垃圾，此工艺不失为一种经济、可靠的选择。

厨余垃圾压榨脱水处理技术工艺简单、全流程环节少、占地面积小、设备投资小。厨余垃圾分离的残渣（固相）及污水（液相），终端处理方式为焚烧＋污水处理，终端处理工艺成熟可靠，无技术风险，可实现真正的闭环处理。本案例应用的创新型压榨机对来料纯度要求较低,可较好适应当前我国生活垃圾分类初期分类效果不好而导致厨余垃圾中杂料多的工况。

3. 获奖情况

无。

4. 实景照片(图 4-56)

图 4-56　南京城南垃圾站分类提升改造项目实景照片

4.3.2.23　案例 23:江西吉水新型收集站项目

1. 基本情况

建设单位:江西吉湖园林绿化有限公司

所在区域:吉安市吉水县

设计规模:50 吨/日

开工／竣工时间：2022 年 10 月 /2023 年 3 月

转运工艺类型：高位直压工艺

主要设备型号：LYG10A

结构形式：全地上

转运单程运距：25 千米

投资建设单位：江西吉湖园林绿化有限公司

设计咨询单位：吉水县建筑设计院

设备制造单位：长沙中联重科环境产业有限公司

项目运营单位：江西吉湖园林绿化有限公司

项目投资金额：约 1000 万元

2. 案例特点

该收集站选用 LYG10A 高位分体式压缩机，卸料与转运方式采用"前进前出"模式，即收集车与转运车同侧与压缩机对接，共享卸料与转运坪，节省场地，适合社区、学校、商场等场地紧张区域建站。同时，LYG 系列还开发了多种结构模式，适应以往旧站改造中不同建筑结构的要求。

料斗理论容积超 8 立方米，一次性可装 3 吨垃圾，总质量 6 吨的自卸车可一次性卸料，总质量 8 吨的后装式压缩车可分次卸料，适应当前端收集车大型化的发展要求。

料斗底部相对进料口下沉 0.5 米，卸料时垃圾不洒落，污水全面收集。采用高位压缩分体式结构，污水可随垃圾箱带走，整个压缩转运过程中做到"垃圾不洒落，污水不外排"，从源头抑制污染产生。

转运时仅转运垃圾箱，不带压缩装置，相比一体式压缩设备，净载率更高，单次运载经济性更好。

3. 获奖情况

无。

4. 实景照片（图 4-57）

图 4-57 江西吉水新型收集站项目实景照片

4.3.2.24 案例24：福州三江口清凉山转运站项目

1. 基本情况

建设单位：福州市环境卫生中心

所在区域：福州市仓山区

设计规模：600 吨/日

开工/竣工时间：2020 年 11 月/2023 年 6 月

转运工艺类型：水平直压工艺

主要设备型号：LYS40+SLT40

结构形式：半地下

转运单程运距：20 千米

投资建设单位：福州市环境卫生中心

设计咨询单位：上海环境卫生工程设计院有限公司

设备制造单位：长沙中联重科环境产业有限公司

项目运营单位：福州市环境卫生中心

项目投资金额：11866万元

2. 案例特点

三江口清凉山转运站建筑采用半地下式结构布置，使用"水平直压压缩机＋上料机＋勾臂车转运"工艺路线，配置3条中联环境LYS40+SLT40水平直压压缩线，以花园建筑为设计理念，是一座集生活垃圾转运、停车场、环卫人员休息办公及接待为一体的数字化环卫综合基地。

该转运站采用隐藏进站通道，排气烟囱景观化，站内不设置作业车辆停放区域，污水处理系统设置在建筑内部，无厌氧罐等设施外露，站内合理设置办公区域。整站采用花园式设计，真正体现了去垃圾站化、去工业化的设计理念，打造一座景观式花园建筑。

同时转运站从臭气源头控制、源头实时除臭以及站内微负压循环换气效果三大方面进行提升改造，结合土建设计优化、压缩设备密闭及污水收集等，真正实现垃圾转运站内外均无异味。

三江口清凉山转运站为提高智能化、自动化，减少站内工作量及工作强度，逐步实现转运站少人化到无人化的目标，升级设备的自动化程度，设计了专用管理软件。

3. 获奖情况

无。

4. 实景照片（图4-58）

图4-58 福州三江口清凉山转运站项目实景照片

4.3.2.25　案例 25：杭州市城西分类减量综合体项目

1. 基本情况

建设单位：杭州市环境集团有限公司

所在区域：杭州市西湖区

设计规模：1500 吨 / 日

开工 / 竣工时间：2021 年 11 月 /2023 年 6 月

转运工艺类型：水平直压工艺

主要设备型号：LYS100

结构形式：半地下

转运单程运距：65 千米

投资建设单位：杭州市环境集团有限公司

设计咨询单位：杭州市城乡建设设计院股份有限公司

设备制造单位：长沙中联重科环境产业有限公司

项目运营单位：杭州市环境集团有限公司

项目投资金额：3.6 亿元

2. 案例特点

本项目总占地面积约 30612 平方米，总建筑面积约 12960 平方米，绿化率约 20%。建筑采用半地下式的结构布置，负一楼设置垃圾压缩设备区、垃圾转运区域、负压抽风设备区、洗车区、污水收集区、配电间等；一楼设置卸料大厅、新风系统及喷雾除臭设备区，中控室设在一楼夹层；二楼至三楼是管理用房。本项目是集生活垃圾转运、停车场、环卫人员休息及接待为一体的环卫综合基地。

采用"水平直压压缩 + 勾臂车转运"的工艺路线，配置 3 条中联环境 LYS100 水平直压压缩线，主要由水平直压式压缩机、垃圾箱、移箱平台及车厢可卸式垃圾车等设备组成。

采用密闭式压缩，全流程垃圾不落地，多渠道综合控制臭气和扬尘，打造了无异味的高环保型转运站，解决了城乡生活垃圾收集运输难题。其系统高度集成，作业自动化、数字化，管理可视化、信息化，展示了新型转运站的建设标准。

3. 获奖情况

无。

4. 实景照片（图4-59）

图4-59　杭州市城西分类减量综合体项目实景照片

4.3.2.26　案例26：盐城市盐龙街道垃圾压缩转运站

1. 基本情况

建设单位：盐城市城市资产投资集团有限公司

所在区域：盐城市盐都区盐龙街道

设计规模：600吨/日

开工/竣工时间：2022年10月/2023年6月

转运工艺类型：竖直压缩

主要设备型号：KVCS400

结构形式：半地下

转运单程运距：35千米

投资建设单位：盐城市城市资产投资集团有限公司

设计咨询单位：上海市机电设计研究院有限公司

设备制造单位：今创城投（成都）环境工程有限公司

项目运营单位：盐城市盐都区环卫处

项目投资金额：1.2亿元

2. 案例特点

盐龙街道垃圾压缩转运站位于盐都区盐龙街道大庆西路以南、新204国道以西；总占地面积15756.6平方米。采用竖直式压缩设备，每天可转运生活垃圾600吨。

转运站采用"半地下式竖直垂压"工艺，其中卸料大厅位于一层，转运大厅位于负一层。该站配备渗沥液处理系统、厨余垃圾处理系统、真空抽吸系统、除尘除臭系统、快速卷帘门等设施设备；配置废气和污水在线检测系统，实时监测水、气排放；地面配建徽派办公用房及园林景观设计。

该种竖直垂压工艺的转运站，采用竖式拉臂车直接转运箱体，效率高、可靠性好；垃圾直接入箱并配置相应的臭气、污水、河水净化设备，环保性好；采用不同工位装载不同垃圾，从而实现垃圾的分类。

3. 获奖情况

无。

4. 实景照片（图4-60）

图 4-60　盐城市盐龙街道垃圾压缩转运站实景照片

4.3.2.27　案例 27：成都天府新区新兴环卫综合服务中心

1. 基本情况

建设单位：成都天投实业有限公司

所在区域：成都市天府新区新兴街道

设计规模：130 吨 / 日

开工 / 竣工时间：2021 年 12 月 /2022 年 12 月

转运工艺类型：竖直垂压带翻转举升工艺

主要设备型号：KVCS200F

结构形式：全地下

转运单程运距：50 千米

投资建设单位：成都天投实业有限公司

设计咨询单位：上海市政工程设计研究总院（集团）有限公司

设备制造单位：今创城投（成都）环境工程有限公司

项目运营单位：成都天环城市管理服务有限公司

项目投资金额：1.9 亿元

2. 案例特点

成都天府新区新兴环卫综合服务中心位于成都市天府新区新兴街道简华村七组，占地约10053平方米，采用竖直式压缩设备，每天可转运生活垃圾200~300吨。

转运站采用"全地下式竖直垂压"工艺，其中卸料大厅、转运大厅位于负一层，压缩设备位于负二层。生活垃圾压缩转运站卸料、压缩、转运作业均在地下完成，配备渗沥液真空抽吸系统、除尘除臭系统、中央控制系统、称重系统、自动开门机构、快速卷帘门等设施设备，噪声、废/臭气处理达到环保标准，地面配建办公用房及公园景观设计，契合天府新区公园城市要求。

全地下式竖直垂压工艺的转运站具有极高的垃圾处理能力和处理效率，也能够通过多工位设置达到垃圾分类的要求。该工艺对于渗沥液的完全密闭收集、全地下运行形式以及地面景观打造，非常适合对环保性要求高的压缩转运站。

3. 获奖情况

无。

4. 实景照片（图4-61）

图4-61 成都天府新区新兴环卫综合服务中心实景照片（一）

图 4-61　成都天府新区新兴环卫综合服务中心实景照片（二）

4.3.2.28　案例 28：宿迁市宿城区宿黄垃圾压缩转运站

1. 基本情况

建设单位：江苏众安建设投资（集团）有限公司

所在区域：宿迁市宿城区箭鹿大道

设计规模：400 吨 / 日

开工 / 竣工时间：2022 年 3 月 /2023 年 1 月

转运工艺类型：水平压缩工艺

主要设备型号：KCS380

结构形式：全地上

转运单程运距：20 千米

投资建设单位：江苏众安建设投资（集团）有限公司

设计咨询单位：北京方州基业建筑规划设计有限公司

设备制造单位：今创城投（成都）环境工程有限公司

项目运营单位：宿迁市宿城区城市管理局

项目投资金额：6000万元

2. 案例特点

宿黄垃圾压缩转运站位于宿迁市宿城区箭鹿大道，占地约6805平方米。采用KCS380型水平式压缩成套设备，设计转运生活垃圾400吨/日。

转运站采用"地上水平直压"工艺，其中卸料大厅位于地上二层，压缩设备及转运大厅位于地上一层。垃圾收集车通过坡道上到二层平台卸料，配备垃圾污水真空抽吸系统、负压除尘除臭系统、中央控制系统、称重系统、快速卷帘门、自动洗车机、50吨/日的垃圾污水处理系统等设施设备。本站建筑外观设计新颖，具有当地特色，完全契合宿迁城市要求。

该种水平直压式转运站，成熟可靠，料斗容积大，存储垃圾多，能满足高峰期垃圾处理的需求。该站采用真空抽吸设备对箱体内垃圾污水抽吸排放，直接密闭输送至垃圾污水处理系统，降低运输过程滴漏的风险，并减少站内臭气的排放。

3. 获奖情况

无。

4. 实景照片（图4-62）

图4-62 宿迁市宿城区宿黄垃圾压缩转运站实景照片

4.3.2.29 案例 29：成都天府新区华阳环卫综合服务中心

1. 基本情况

建设单位：成都天投实业有限公司

所在区域：成都市天府新区华阳街道

设计规模：600 吨 / 日

开工 / 竣工时间：2022 年 2 月 /2023 年 2 月

转运工艺类型：水平直压式工艺

主要设备型号：KCS550

结构形式：全地下

转运单程运距：40 千米

投资建设单位：成都天投实业有限公司

设计咨询单位：上海市政工程设计研究总院（集团）有限公司

设备制造单位：今创城投（成都）环境工程有限公司

项目运营单位：成都天环城市管理服务有限公司

项目投资金额：3.1 亿元

2. 案例特点

华阳环卫综合服务中心位于成都市天府新区剑南大道与龙马路交汇处，占地面积 18.1 亩，建筑面积 12272 平方米。采用 KCS550 型水平式压缩成套设备，设计转运生活垃圾 600 吨 / 日，最大处理能力可达 1000 吨 / 日。

转运站采用"全地下式水平直压"工艺，其中卸料大厅位于负一层，压缩设备、转运大厅位于负二层。生活垃圾压缩转运站卸料、压缩、转运作业均在地下完成，配置有 3 套压缩成套设备；同时根据垃圾处理量配置有 22 辆垃圾运输车和 27 套箱体设备；其余还配置有垃圾污水真空抽吸系统、除尘除臭系统、中央控制系统、称重系统、快速卷帘门、自动洗车装置等设施设备。华阳环卫综合服务中心的投入运营极大改善了该区域生活垃圾分类回收与运输的集中化、压实化、封闭化情况，有力提升了市容市貌，真正把"突出公园城市特点，把生态价值考虑进去"落地生根，推动天府新区高质量持久发展。

本案转运站料斗容积超过 70 立方米，具有极高的垃圾处理能力和处理效率，满足高峰期垃圾量的处理需求；同时采用全地下形式，臭气处理彻底、垃圾污水完全密闭收集处理，符合天府新区环保要求。

3. 获奖情况

无。

4. 实景照片（图 4-63）

图 4-63　成都天府新区华阳环卫综合服务中心实景照片

4.3.2.30　案例 30：天津生态城生活垃圾转运站

1. 基本情况

建设单位：天津津生环境科技有限公司

所在区域：天津滨海新区中新生态城中部片区

设计规模：5 吨 / 日

开工 / 竣工时间：2018 年 9 月 /2021 年 8 月

转运工艺类型：真空管道收集转运站

主要设备型号：VPCT-500

结构形式：全地上

转运单程运距：9 千米

投资建设单位：天津津生环境科技有限公司

设计咨询单位：中国市政工程华北设计研究总院有限公司

设备制造单位：山东群峰重工科技股份有限公司

项目运营单位：天津津生环境科技有限公司

项目投资金额：8100 万元

2. 案例特点

天津生态城生活垃圾转运站位于天津滨海新区中新生态城内，该项目作为生活垃圾特色处理转运系统服务于生态城，助力"无废城市"建设。

该项目结合垃圾真空管道收集系统，开发制造了专门适用于该系统的压缩存储系统。生活垃圾通过设置在生态城内的特制真空收集垃圾箱，经由地下管线输送至转运站内垃圾收集箱体内，收集一定量后，通过水平直压装置压缩箱体内垃圾，最后收集满的垃圾箱通过转运车拉走。该系统实现了从垃圾收集到垃圾压缩全密闭运行，隔绝了臭气及噪声对周围环境的影响。

该种工艺的转运站符合未来"无废城市"的发展趋势，为资源节约型、环境友好型城市的建设提供了积极的探讨和典型示范。

3. 获奖情况

天津市重点项目。

4. 实景照片（图 4-64）

图 4-64　天津生态城生活垃圾转运站实景照片

4.3.2.31　案例 31：福建市平潭县生活垃圾转运站

1. 基本情况

建设单位：平潭综合实验区市政园林有限公司

所在区域：福州市平潭县敖东镇、岚城、天大东路

设计规模：200 吨 / 日

开工 / 竣工时间：2019 年 3 月 /2020 年 6 月

转运工艺类型：竖式直压工艺

主要设备型号：VTS-200

结构形式：半地下

转运单程运距：30 千米

投资建设单位：平潭综合实验区市政园林有限公司

设备制造单位：山东群峰重工科技股份有限公司

项目运营单位：平潭综合实验区市政园林有限公司

项目投资金额：2320万元

2. 案例特点

福州市平潭县生活垃圾转运站分别位于敖东镇、岚城、天大东路。压缩设备采用先进的竖式直压工艺，每天可无害化转运生活垃圾200吨。

转运站采用半地下式竖直压缩形式，垃圾车及转运车同侧进出，地面一层为收集车、转运车工作区域。垃圾箱体通过翻转平台布置在地下，垃圾通过卸料漏斗落入位于地下的垃圾箱内，压实器垂直压缩垃圾，整个过程在地下完成，最大限度地降低了臭气及噪声对周围环境的影响。

该种工艺的垃圾转运站省去了转运站内的坡道，通过翻转平台完成箱体的升降，整体占地面积很小，其中建筑用地面积740平方米，地上建筑面积480平方米，地下建筑面积230平方米，相较传统垃圾转运站减少了占地面积，非常适合"寸土寸金"、选址困难的场地。

3. 获奖情况

省级示范项目。

4. 实景照片（图4-65）

图4-65 福建市平潭县生活垃圾转运站实景照片

4.3.2.32 德清县城绿色循环转运中心

1. 基本情况

建设单位：德清县恒达建设发展有限公司

所在区域：浙江省湖州市德清县阜溪街道

设计规模：垃圾压缩转运规模 500 吨/日

开关/竣工时间：2022 年 12 月/2023 年 8 月

转运工艺类型：竖式装箱压缩转运工艺

主要设备型号：QFLS-500

结构形式：全地下

转运单程运距：35 千米

投资建设单位：德清县恒达建设发展有限公司

设计咨询单位：杭州市城乡建设设计院股份有限公司

设备制造单位：山东群峰重工科技股份有限公司

项目运营单位：浙江德清晟源环境科技有限公司

项目投资金额：1.4 亿元

2. 案例特点

德清县绿色循环转运中心通过研发并改良竖式生活垃圾压缩转运设备，改善生活垃圾散乱等问题，助力杭州第 19 届亚运会湖州赛区赛事举办。

工艺特点：采用横向与纵向双向轨道，每个泊位独立运转，减少臭气排放；垃圾依靠容器上方的压实器进行多个泊位水平移动压缩，压实器移动不影响压缩车卸料及压缩箱转移等操作；压实垃圾时产生的渗滤液留到容器底部，不会溢到容器外；转运容器箱门采用一体化箱体关门设计，与传统折叠门相比密封性能更佳，对于高含水量的垃圾不会出现渗滤液外溢等问题。

3. 获奖情况

浙江省湖州市重点项目。

4. 实景照片（图 4-66）

图 4-66 德清县绿色循环转运中心实景照片

4.3.2.33 案例 33：北理工地埋式垃圾转运站

1. 基本情况

建设单位：北京运宇国际建筑工程有限公司

所在区域：北京海淀区中关村

设计规模：100 吨/日

开工/竣工时间：2023 年 1 月/2023 年 7 月

转运工艺类型：地埋式垃圾压缩一体机

主要设备型号：LYD-100

结构形式：全地下

转运单程运距：20 千米

投资建设单位：北京运宇国际建筑工程有限公司

设计咨询单位：山东群峰重工科技股份有限公司

设备制造单位：山东群峰重工科技股份有限公司

项目运营单位：北京理工大学

2. 案例特点

地埋式智能垃圾压缩设备是一种先进的、大容量的地下垃圾收集和压实设备。主要应用于垃圾产量高的地方，例如：生活小区、风景区、公园、广场及工厂、学校、医院、商场、蔬菜水果市场等。

该设备安装在地下，整个设备唯一可见的部分是垃圾收集箱，能最大程度地减少空气污染，有效改善垃圾收运环境。

3. 获奖情况

无。

4. 实景照片（图 4-67）

图 4-67　北理工地埋式垃圾转运站实景照片

第 5 章 存在的问题与不足

- ▶ 政策法规标准
- ▶ 规划建设
- ▶ 运行管理

5.1　政策法规标准

（1）生活垃圾转运站缺乏国家层面工程技术标准。

（2）各地方政府缺乏转运站建设用地方面的相关规定。

5.2　规划建设

（1）部分城市仍缺乏垃圾收运体系建设规划，已有规划关于垃圾转运站的建设指标体系及参数不明确、欠完整。

（2）转运站整体布局及场站布置欠合理，与城乡建设发展速度不适应，与垃圾分类等国家现行政策不相符。

（3）转运站选址难、征地难，建设用地不足，资金到位难；缺乏转运站建设用地与资金投入方面的保证条件。

（4）中小城市垃圾转运设施设备普遍老化严重，个别地方设施设置简陋，无法保障基本功能与环保要求。

5.3　运行管理

（1）部分城市垃圾收运体系不配套，转运站上下游相关环节及设施设备不匹配。

（2）已建转运站重视硬件建设但忽略软件配套。

（3）部分城市的垃圾收运制度不健全、台账不清晰；应对自然灾害及各类突发事件能力不足。

（4）农村大多数地区和部分中小城市垃圾收运系统仍维持在半机械化作业状态，尚未应用信息化技术及智能装备。

第6章 对策与措施

- 政策法规标准
- 规划建设
- 运行管理

6.1 政策法规标准

（1）建议尽快出台垃圾收运体系建设发展的专项政策法规。国内垃圾转运站装备的政策体系、绩效考核体系以及执法监管体系需进一步完善，垃圾收运体系建设发展的专项政策法规需尽快出台。

（2）建议尽快编制国家层面的垃圾转运站建设标准与工程技术标准。目前还在施行的《生活垃圾转运站工程项目建设标准》CJJ 117—2009 是住房和城乡建设部于 2009 年发布的，距今已 15 年，标准中的主要技术经济指标指导性减弱。工程技术标准《生活垃圾转运站技术规范》CJJ/T 47—2016 也亟待升级为国家标准。

（3）建议完善或出台关于垃圾转运站配套设施设备研发的具体政策及措施。应重点推进垃圾分类制度背景下，垃圾转运站工艺技术与设施设备研发的具体政策及措施。

（4）建议尽快出台关于转运站新建、改建及扩建建设用地的相关规定。根据国家发展改革委、住房和城乡建设部、生态环境部等三部门联合印发的《城镇生活垃圾分类和处理设施补短板强弱项实施方案》（以下简称《实施方案》），到 2023 年，46 个生活垃圾分类重点城市全面建成生活垃圾分类收集和分类运输体系。现有的生活垃圾转运站多数为压缩作业车间，受场地空间限制无法改扩建，导致很多转运站无法实现收集点到转运站的分类收集对接，严重制约了生活垃圾分类体系的构建。因此须尽快出台关于转运站新建、改建及扩建的建设用地相关规定。

6.2　规划建设

（1）没有垃圾收运体系建设规划的城市应尽快出台相关体系或规划；对已有规划但是其垃圾转运站的建设指标体系及参数不明确的城市应尽快完善。

（2）垃圾转运站整体布局及场站布置欠合理、与城乡建设发展速度不适应、与垃圾分类等国家现行政策不符的，规划方案或者建设方案应及时调整或整改。

（3）建议国家和地方政府出台相关的政策或法规，保障垃圾转运站的建设用地与建设资金。

6.3　运行管理

（1）配套必要的设施设备，特别是环保设施设备，例如除尘除臭设备和高效清洗设备，注重配套设施设备的使用与管理。

（2）转运站的硬件设施建设与软件系统配套并重。在注重转运站硬件设施建设的同时，也应该注重转运站的软件系统配套。随着用户侧、产业服务侧需求与服务的快速发展，尤其是随着垃圾转运站装备领域新技术的大量投产使用，垃圾转运站装备数据流和信息流的双向互动不断加强，对行业运行和管理将产生重大影响。

（3）建立健全转运站管理制度以及规范转运站信息管理台账。同时应针对各地实际情况，及时编制应急管理制度或者方案，确保转运设施和收运系统能够在突发事件状态下维持基本运行。

（4）增加农村大多数地区和部分中小城市的收运系统的信息化技术及智能装备的使用占比，同时注重相应的信息化技术的安全管理与维护。

第 7 章　前景展望

▶ 全体系构建"低碳化"

▶ 全链条运行"数字化"

▶ 特定场景环卫作业"无人化"

2020年9月22日，第七十五届联合国大会上，我国首次明确提出2030年前碳排放达到峰值、2060年前实现碳中和的宏远目标。"双碳"目标提出是中国主动承担应对全球气候变化责任的大国担当，也意味着实现"双碳"目标成为一项长期国家战略。

2020年12月29日，生态环境部印发《2019—2020年全国碳排放权交易配额总量设定与分配实施方案》和《纳入2019—2020年全国碳排放交易配额总量设定与分配实施方案（发电行业）》（环规气候〔2020〕3号），共计2225家发电行业重点排放单位纳入国家碳市场，获得碳交易资格。2021年1月5日，生态环境部公布《碳排放权交易管理办法（试行）》（生态环境部令第19号）并于2月1日起施行，我国碳交易发电行业第一个履约周期正式启动。建设全国碳排放权交易市场是利用市场机制控制和减少温室气体排放、推动绿色低碳发展的重大制度创新，也是落实我国二氧化碳排放达标目标与碳中和目标的重要抓手。系列举措彰显了中国积极应对气候变化、走绿色低碳发展道路的雄心和决心。

2021年9月22日，中共中央、国务院印发《关于完整准确全面贯彻新发展理念做好碳达峰碳中和工作的意见》，把碳达峰、碳中和纳入经济社会发展全局，以经济社会发展全面绿色转型为引领，以能源绿色低碳发展为关键，加快形成节约资源和保护环境的产业结构、生产方式、生活方式、空间格局，坚定不移走生态优先、绿色低碳的高质量发展道路。同日，国务院印发《2030年前碳达峰行动方案》（国发〔2021〕23号），指出要实施"循环经济助力降碳行动"，充分发挥减少资源消耗和降碳的协同作用，推进产业园区循环化发展，大力推进生活垃圾减量化、资源化。

实现碳达峰、碳中和是一场广泛而深刻的经济社会系统性变革，是着力解决资源环境约束突出问题、实现中华民族永续发展的必然选择，是构建人类命运共同体的庄严承诺。环境产业是循环经济产业体系中的重要组成部分，生活垃圾的收运处理与每个人息息相关，聚焦环卫领域从垃圾产生到处置的全生命周期，是践行"双碳"战略的有效措施。

因此，生活垃圾收运处理体系的建设发展应该顺应国民经济发展与生态文明建设的大趋势，必须将碳减排、碳中和理念融入生活垃圾收运体系建设运营的全生命周期及各项工作之中，并通过数字环卫建设暨信息化技术及智能装备在生活垃圾收运体系的应用，逐步实现生活垃圾收运体系的"低碳化"、转运站及配套设施设备的"数字化"以及特定场景环卫作业的"无人化"。

7.1 全体系构建"低碳化"

垃圾收运"低碳化"发展的主线是垃圾收集运输车辆的"新能源化"。

生活垃圾收运体系运营的本质是"生活垃圾的运输"。在各种垃圾转运工艺模式基本都能达到环保运输要求的前提下，"转运经济性"的问题就显得尤为重要。现在的收集车和转运车多为柴油动力，柴油使用成本占据生活垃圾转运站运营成本的70%左右。随着新能源产业发展及新能源汽车技术的成熟，生活垃圾转运车辆势必也会进行一场"低碳革命"。新能源垃圾收集运输车型会在很大程度上减少生活垃圾转运站的运营成本。

新能源车辆研发及应用基本特点包括：

①动力深度电气化。环卫车辆应该适应能源动力化转型升级的时代潮流，动力蓄电池、新燃料电池、太阳能电池等能源技术突飞猛进，导致比能量提升，动力成本下降，而在车辆安全性、耐久性等方面也正在逐步完善。

②车身结构轻量化。工业4.0时代带来制造技术的发展，材料以前是从宏观层面进行设计的，现在可以从宏观层面到原子层面进行操作。这些成果将带来环卫机械设备特别是环卫车辆结构的不断优化。

③整车操控智能化。基于下一代互联网、车联网、网联车的技术应用范围扩展与水平提升，以收运车辆为主线的环卫机械设备将逐步实现操控运行智能化。

7.2　全链条运行"数字化"

生活垃圾收运体系全链条运行"数字化"最直接的表征就是其运行监管平台逐步完善，以及其涉及的大数据、云计算等新技术的充分应用。特征表现如下：

系统运行监控数字化显示。监控环节的数字化除了能通过台式计算机、便携式计算机、手机等装置快速查看传统设备管理软件能够提供的各类信息，如系统及设备的适时信息（时空点位、状态、特征指标参数等）、历史信息资料（设施建造/设备采购记录、机械设备维修保养记录等），还能进行发展态势与结果预测（设定行车路线、计划任务量、影响因素及可能后果、纠偏对策措施等）。可以实现系统建设运行全程信息资料可追溯，为持续稳定的运行提供决策依据。

机械设备运维智能化管理。收运体系全生命周期管理工作中，机械设备运维管理是人财物投入及工作量最大的关键环节。机械设备运维智能化管理特点首先是做到预防性维护，这是机械设备运维管理的基本要求，其次是逐步实现设备故障的远程诊断，然后进行后续的针对性维护修理。上述工作都离不开相关的信息化技术。

可视化技术及装备的广泛应用。基于影视成像技术、3D 建模技术，可实现对场景、设施设备及整机/部件/零件的动态可视化。可视化技术的初始应用包括工作场景及关键工位（通道口、排污口、装/卸料口、危险地段等）监控、台账及资料调阅等，进一步的应用还有处理设备故障预警与远程诊断及修理、相关事物（如事故）的动态轨迹追踪等。

当然，收运体系的数字化，还需要很多新科技、新技术的加持与集成，例如完整的监控平台首先涉及诸如行程开关、热成像、生物/物理传感等各式各样的传感器。

7.3 特定场景环卫作业"无人化"

对于超大面积清扫、极端天气条件下垃圾清运、有限空间等潜在危险空间清障排污、深夜环卫作业等特定作业场景，应逐步实现"无人化"。

首先，应该在高等级道路、市政广场等清扫面积超大、容易规划管控的清扫区域实现环卫作业无人化；同理，对于深夜（含凌晨）清扫保洁和垃圾运输作业逐步实现无人化。

其次，对于特定的收运处理技术路线上工作量大、重复性的任务及操作实现无人化。

最后，基于各类专业机器人/机械手的加持，在进行有害气体/液体空间的清障排污、垃圾投放环节的清堵除障以及营救任务工作时使用机器人作业，实现无人化。

参考文献

[1] 中华人民共和国国民经济和社会发展第十四个五年规划和 2035 年远景目标纲要 [EB/OL].（2021-03-13）[2024-06-27]. https：//www.gov.cn/xinwen/ 2021-03/13/content_5592681.htm.

[2] 国家发展改革委，住房城乡建设部. "十四五" 城镇生活垃圾分类和处理设施发展规划 [EB/OL].（2021-05-06）[2024-06-27]. https：//www.ndrc.gov.cn/xwdt/tzgg/202105/t20210513_1279764.html.

[3] 中国城市环境卫生协会. 中国城市环卫行业智慧化发展报告 [M]. 北京：中国建筑工业出版社，2021.

[4] 中华人民共和国住房和城乡建设部. 生活垃圾转运站技术规范：CJJ/T 47—2016[S]. 北京：中国建筑工业出版社，2016.